U0266881

碳眼

观世界

—— 重读阿西莫夫《碳的世界》

五分钟聊碳工作室◎著

长江出版传媒

湖北科学技术出版社

图书在版编目（CIP）数据

碳眼观世界：重读阿西莫夫《碳的世界》／五分钟聊碳工作室著． -- 武汉：湖北科学技术出版社，2025. 2． -- ISBN 978-7-5706-3869-7

Ⅰ．X511

中国国家版本馆CIP数据核字第2025XE3865号

碳眼观世界：重读阿西莫夫《碳的世界》
TANYAN GUAN SHIJIE : CHONGDU AXIMOFU TAN DE SHIJIE

出品人：邓　涛		责任校对：罗　萍
责任编辑：严　冰		封面设计：曾雅明

出版发行：湖北科学技术出版社

地　　址：武汉市雄楚大街268号（湖北出版文化城B座13—14层）

电　　话：027-87679468　　　　　　　邮　　编：430070

印　　刷：湖北新华印务有限公司　　　　邮　　编：430035

787毫米×1092毫米	1/32	4.5印张	67千字
2025年2月第1版		2025年2月第1次印刷	
定　　价：29.80元			

（本书如有印装问题，可找本社市场部更换）

前　　言

　　碳中和是每个人所面对的确定性最高的未来趋势，全社会都已经为实现碳中和开始了积极的行动。减碳、降碳、除碳已经成了耳熟能详的热词，但事实上，很多人未必清楚碳中和的底层逻辑。很多人还在问，人呼吸产生的二氧化碳，需要减排吗？是啊，我们自己就是碳基生命。

　　本书从科幻大师阿西莫夫的一本经典科普《碳的世界》说起，帮你重新认识有关碳的一切。阿西莫夫在写《碳的世界》的时候（1958年），全球变暖问题还没有出现，自然没有碳减排和碳中和，所以他是以一种非常冷静、客观的态度，甚至略带崇拜的心态，以其独有的简单、犀利的写作风格，帮我们梳理碳在这个世界所发挥的根本性作用。

　　时至今日，低碳发展浪潮汹涌，我们身在其中，被裹挟着前进。个人其实很难跳出来，不带预设和价值判断地看待碳中和，就像我们不能拔着自己头发把自己提离地面一样。这种情况下，抛弃现在的各种情绪和偏见，重新以冷静、客观的心态读《碳的世界》，就显得非常必要了。《碳的世界》就像一把钩子，轻轻把我们勾起来，让我们看得更清、望得更远。

我们是在B站上以"5分钟聊碳"为ID开始解读《碳的世界》。说是解读，其实并不是针对该书内容的探讨和分享，而是把这本书当作一把锋利"小刀"，切开当前的现象，从一个一个又深、又窄的"刀口"去深入了解碳中和的底层逻辑。

B站的阅读和讨论量完全超出我们的预期，单期最高阅读量达到8万多，讨论回复70多条，很多非常专业，不少角度清奇，也让我们大受启发和鼓舞，我们没有想到一个小小的"刀口"，能激活大家对碳中和的认知饥渴。

本书是对这一专题的文字稿集成，我们对每期文稿都进行了增删和修改，并充分吸纳了粉丝提出的问题、意见和建议，增强科学性和可读性。本书依然保留第一人称，以故事的形式给你讲述碳中和的有趣知识。以《碳的世界》这把"小刀"，给你切开一个碳中和时代你没有想到的各种具体场景和故事。

　　我们试图继承阿西莫夫简单、有趣的写作风格，尽可能不说特别晦涩的概念和理论，尽可能贴近日常工作和生活。我们并不指望你看完这本书就能彻底理解碳中和，而是希望本书能对你有所启发。重要的是，让你理解，碳中和带来的不仅仅是一场能源革命，还是一场非常深刻的认知革命。

目　录

科幻大师眼中的碳

　　《碳的世界》（*The World of Carbon*）是科幻大师艾萨克·阿西莫夫（Isaac Asimov）的一本书。这本书并不是科幻小说，而是一本科普小书。它是阿西莫夫在1958年写的一本小书，距今60余年。但这本书现在看，一点都不过时，这就是阿西莫夫的伟大之处。

　　要知道，写这本书的时候，正是阿西莫夫创作完基地系列和银河帝国系列的巅峰时刻，写完皇皇巨著，他竟然去写了一本科普小品文。阿西莫夫一生著作无数，尤其是《基地三部曲》《银河帝国三部曲》《机器人系列》，电影、电视改编无数。

　　但这本《碳的世界》，知道的人并不多。有幸的是，这本书有中译本，1973年由科学出版社出版，价格才0.28元。

阿西莫夫1920年出生，1992年逝世，活了72岁，著书数百种，相当于1年写7本，两个月1本书，而且要从一出生就开始。所以这本《碳的世界》，很难冒头，很少人知道。《碳的世界》是阿西莫夫所有作品中的第一个中译本。许多中国人认识阿西莫夫，最早应该是从《碳的世界》这本书开始的。

当前全球都在控碳、减碳、降碳、除碳，碳，或者说二氧化碳，好像成了过街老鼠，人人喊减，可是再仔细想想，我们真的理解碳吗？别忘了，我们可是碳基生命。

几乎所有（95%）人为活动排放的温室气体，都是和碳相关的，CO_2、CH_4自不用说，除了N_2O，含氟温室气体主要也是和碳相关。我们本来就是处在一个碳的世界里。也许当我们真正理解了碳以后，我们应对气候变化和实现碳中和会显得更加从容、更加理性。

《碳的世界》虽然不是科幻作品，但它真的非常"阿西莫夫"，语言朴实、由简入繁、生动准确，书中阿西莫夫最常用的一句话是：从最简单开始。我觉得这就是阿西莫夫的底层思维模型。

他相信，从最简单可以推出最复杂，我觉得这其实是科幻小说作家一个最基本的思维方法。因为对于硬科幻，它只能基于现有的科学知识体系去外推，而且是非常合理地外推出来一个世界。这和全球变化情景分析非常相似。科学家构建到2100年很多未来情景，都是基于现状，再加上基本原理和合理约束，让大家对未来有了展望，知道未来会是什么样子，知道未来努力的方向在哪儿？

只是科幻小说作家外推的时间更长，短则百年，长则上万年。他们依据一些基本原则，基于当前的认知和知识体系，构建一个全然不同的世界，让人感觉很合理，这就是功力。基地系列是距今1万年，机器人系列距今大约1000年，银河帝国系列处于中间，阿西莫夫是在他的写作生涯后期才开始将这些系列在时间线上串联起来的，他最终创造了一个连贯的宇宙历史。

科幻小说和神话小说最本质的区别，是神话小说中各种人物一开始都已经具备了特殊技能，各路神仙已经各自就位，比如《西游记》，它不是科幻，因为它与现实完全脱节了。科幻不一样，它必须从现实基本原理演化出一个世界，尤其你要想象未来几万年，比如银河帝国，真是挑战我们的脑仁。

这就是科幻小说作家最厉害的地方，我想阿西莫夫之所以写科普，可能也是为了要深入了解底层的化学知识之间的关联。他更在乎这个底层结构是什么？而不是太在乎应用。大千世界、无所不有，他紧紧抓住碳这个元素，就显得纲举目张，讲起来非常清晰。这就是为什么尽管60多年后，这本书依然毫不过时，因为本质丝毫未变。

碳中和情景思维其实是科幻思维

任何一个从事应对气候变化和低碳发展的人，都需要学习情景思维模型（Scenaria Analysis Model），学习情景思维最好的办法是学习阿西莫夫，因为科幻本质就是一种情景思维。

什么是情景思维模型？它是我们现在分析未来最核心、最重要的模型，在科学领域，已经完全取代了原有的预测模型（Prediction Model），因为所有人都知道，未来不可预测。但情景思维模型不预测，它是在已有趋势和基础上，设定未来的约束条件，分析和判断会发生什么？而且模型结果不是一个，是一堆，一堆结果怎么选呢？研究人员会把大量情景思维模型结果梳理、归总成几个主要的路径。

联合国政府间气候变化专门委员会（IPCC）第六次评估报告中，全球2100年有1688个情景思维模型结果，IPCC就将其总结、归纳为5条典型路径。

学习阿西莫夫的科幻思维，就需要理解他理解世界的方式，才能知道他是怎么去构建一个新世界。他需要以最简单的方式，以他自己的思维模型去理解一个现有世界，才能以自己的思维方式构建出来一个极其复杂的未知世界。

其实也不难，就是我们努力训练自己，把一个复杂的世界还原成简单的样子。最简单的办法就是，倒着往回看，生命是怎么一点一点演化出来的，碳基生命是怎么出现的，才有可能知道生命未来会演化成什么样？

阿西莫夫在写《碳的世界》的时候，气候变化问题还没有成为全人类重大命题，或者说碳排放还不是个事儿，IPCC要等到整整30年后的1988年才成立。

现在就不一样了，现在碳就是一个非常关键、热门的话题，我们可以对比着看，当时他对碳的观点和现代人对碳的观点，有什么差异？使大家能够理解看似可能毫不相关的不同温室气体之间，其实有着千丝万缕的联系，就像表面上看起来都是一棵棵树，树底下、土壤中，却盘根错节地关联在一起。

更重要的是，理解这种思维方式，有助于我们理解当前的碳减排并不是一个简单的除碳问题，而是一个非常复杂的系统性变革。

科幻小说一直都是我们人类科技发展的辅助线或者延长线，实际上我们现在几乎所有的科技成果，都是靠科幻小说来驱动或者牵引的。

儒勒·凡尔纳（Jules Verne）说过："一个人凭空想象出来的任何东西，另一个人可以使之成为现实。"谷歌的"潜鸟计划"，也叫热气球互联网，就是在大气平流层放飞无数热气球，组成一个无线网络，为全球提供廉价互联网服务。这个计划就是受凡尔纳的《八十天环游地球》的影响。

阿西莫夫的机器人三定律深刻影响了现实世界中对机器人和人工智能的伦理设计，很大程度上塑造了当今公众和科学家对人工智能的看法。

基地系列甚至创造出一个学科，心理史学，这是一门综合历史、社会和数学来预测未来的科学。由于影响人类行为的因素过于复杂，人类又具有自由意志，因此个人行为不可预测。但当众多个体集合成群时，海量数据下，却又会显现出某些规律，就像一个气体分子轨迹很难预测，但是在宏观尺度下，气体就会符合统计热力学公式。现在看这就是大数据思维，我们已经开始应用了，对我们也不是什么新鲜事了，只是没有叫心理史学而已。这门学科真的非常强大，强大到可能会包容我们已知的所有学科。未来真正掌握这门学科的，可能不是我们碳基生命，而是硅基生命，也就是人工智能。

再比如，创客这个词，就是来自科幻作家科利·多克托罗的《创客》小说；仿生人这个词，最早是1886年，科幻作家利尔·亚当在小说《未来的夏娃》中提出的。现在经常说的降维打击，就是来自刘慈欣的《三体》。

马斯克说，阿西莫夫的著作激发了他对未来的思考。在基地系列中，一位名叫哈里·塞尔登（Hari Seldon）的预言家预见人类将进入黑暗时代，并制订了一项殖民遥远行星的计划。马斯克说，他从此认为，人类应该"延长文明的时间，尽量减少黑暗时代到来的可能性"，所以马斯克才搞火星移民计划。

我相信一定会出现基于 IPCC 情景模型结果的科幻小说，约束条件就是控制升温 1.5~2℃，或者净零碳排放，然后就可以讲述零碳世界的各种奇幻故事，这种科幻小说阅读起来一定会有一种非常独特的体验。我现在看到的几乎所有穿越小说，都是穿越到过去或者平行世界，即使是平行世界，主基调也是历史，很少看到穿越未来。

情景思维方式并不预测未来，但是情景可以给我们勾勒出未来可能的样子，大家一看，有道理，统一了共识，很多人真的就沿着这条路径走了，最后这条路径它就真实现了。科幻大师就是通过这种方法驱动和牵引科技发展，IPCC也是通过这种方法引领全球应对气候变化。

管理大师彼得·德鲁克（Peter F.Drucker）说，"没有人有能力预测未来，预测未来最好的办法，就是把它创造出来。"

为什么地球是碳基生命世界?

　　为什么地球上的生命是碳基呢？宇宙中如果有高等文明和生命，是不是也是碳基生命呢？回答这个问题，需要知道生命的本质特征是什么。

　　人类对生命最原始的理解，当然是生命能动，非生命不能动，动物能跑，植物能长，所以，动植物是有生命的。为什么会出现生命和非生命呢？因为组成物质不同。生命由有机物组成，非生命由无机物组成。

　　所以，人类最早划分物质，就是按照有机物和无机物划分的，有机物源自生命体，如动植物等；无机物来自非生命物质，如矿物、金属等。

　　阿西莫夫《碳的世界》开篇就讲，化学家把一切物质划分为两大类。一类是有机物，如糖、淀粉等；另一类是无机物，如空气、金属等。

在早期，有机物可以转变成无机物，比如经过加热处理等，但无机物就没法转变成为有机物。所以，早期大家认为，有机物含有神秘的"生命力"。

直到1827年，出现了一个重大突破。德国化学家维勒，在实验室中利用无机物合成了一种有机物——尿素，这是人体的一种排泄物，溶解于尿中。这一发现，影响非凡，因为有机物和无机物的区分基础被打破了，好像生命也没有那么特殊了，这意味着非生命也可以变为生命。

于是，化学家又在有机物和无机物之间反复找不同。还真就找到了一个非常重要的差异。

那就是，虽然有机物和无机物都是由各种不同的原子构成，但是，有机物的分子都含有碳原子，无机物一般不含碳原子。于是，大家就把分子中含有碳原子的物质都叫作有机物，分子中不含碳原子的物质叫作无机物。但也有例外，如二氧化碳和碳酸盐，尽管含碳，但还是被看作无机物。

现代更为科学的划分方法是：含有碳和氢的化合物，主要是碳-氢键的化合物，定义为有机物；不包含碳–氢键的化合物，定义为无机物。

以是否含碳作为划分依据，好像分出来的两类化合物范围相差悬殊。有机物只集中研究和碳相关的化合物，其他所有元素的化合物都留给无机物，种类差异是不是太大了？

确实很大，但不是你想象的那么大。你可能以为，无机物要比有机物多太多，因为化学元素种类多太多了。但恰恰相反，有机物的数目，也就是含碳化合物，比不含碳的化合物多得多。含碳化合物，也就是有机物，根据化学文摘社（Chemical Abstracts Service，CAS）统计，注册数量已经超过了1亿种，这个数字还在持续增长。阿西莫夫《碳的世界》中的数据是170万种。与此相比，其他元素所形成的无机物，现在数量才100万种，《碳的世界》中的数据是50万种。差出两个数量级，而且和《碳的世界》中数据对比，增长速度也不是一个量级。

你可能会问，碳有什么独门秘籍？为什么这么厉害？

这是因为碳的"可塑性"非常强。碳原子外层有4个电子，而原子外层在容纳8个电子的时候达到稳定状态，所以碳原子的电子数正好处在中间，可得可失、能上能下。

于是，碳的化合价就从-4到4，有8种状态。这意味着，与其他元素结合，不管你是什么价位，碳都能接住，姿态百搭，怎么都行。碳原子相当于是人际关系里说的"结构洞""交际花"，各种元素都能找到与碳的合作方式，碳能花式交友。

《地外生命探索之旅》这本书中说，我们这个宇宙，并不是一个鼓励生物肆意发挥想象力和创造力的空间。生命的精髓就在于一个元素——碳。地球上所有的生命体都建立在碳的基础上。就算在宇宙中真的发现了外星人，你会发现，他也是碳基生命。这可不是科幻，这是主流学科的共同认知，这类学科叫天体生物学，是非常热门的研究领域。

分子才是这个大千世界的基本材料，原子只是构成分子的基础。除碳以外，各种原子结合成分子的时候，个数不多的时候还算稳定，比如两三个原子，原子联结还算牢靠。当原子增多，分子就不稳定了，非常容易散开。但对于碳原子，就没有这个限制，由于碳灵活百搭的链接特性，使得它能形成稳定的长链和复杂结构，而且还能反复迭代，构成非常大的分子。

不含碳的分子，含有十二个以上原子就是罕见了，但是含碳的分子，含有上百万个原子，都不罕见。现在你能理解为什么碳成为区分有机物和无机物的关键标识了吧。

阿西莫夫打了个比喻，两个小孩，各有一箱积木搭房子。孩子甲的一箱积木，有九十种不同形状的木块，但是，每次只允许用十块或是十二块来搭房子。孩子乙的一箱积木，只有四五种不同形状的木块，但是，他每次可以使用任何数量的木块搭房子，如果他喜欢，甚至可以用一百万块。那你说，谁的房子会更复杂呢？显然是孩子乙的。

你可能会受点触动，原来生命的本质是复杂，碳是实现这种复杂的最佳选择。真的是这样吗？面对最复杂的问题——全球气候变化，碳基生命面临的挑战是什么呢？

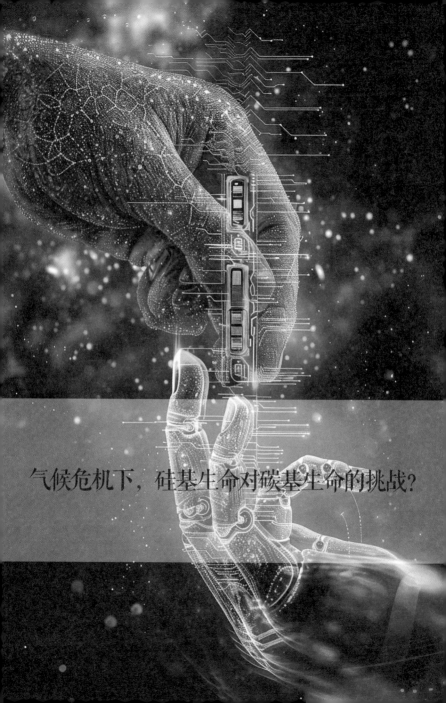

气候危机下，硅基生命对碳基生命的挑战？

生命的本质是复杂，碳是实现这种复杂的最佳选择。但当下，面对最复杂的问题——全球气候变化，碳基生命迎来的巨大挑战是什么呢？

其实在元素周期表上，与碳元素结构相似的元素，不是没有，有，就是硅。硅在地球上的储量比碳还要丰富。但是硅无法取代碳，原因有两个。首先，和碳原子相比，硅原子比较大，因此硅发生化学反应需要的条件要比碳苛刻；其次，硅和碳，与氧原子的结合方式差异很大，二氧化硅只有在超过2000℃摄氏度的高温下才呈气态，你可能从来没见过气态的沙子，而二氧化碳在常温下就是气态。不过这些对于科幻作者可能都不是事儿，比如刘慈欣就曾经说过，完全有可能在某个星球上，闪电不停地击中地表的硅化合物，从此出现生命。

硅基生命，现在已经成了热门。尤瓦尔·赫拉利（Yuval Noah Harari）在《未来简史》一书中提出，一直以来人们都处于一个基于文字、金钱、文化和意识形态的大规模"集中合作的网络"中——这是以碳元素为基础的、人类神经网络的产物。现在，人们正在逐渐进入以硅元素为基础的、基于算法的计算机网络时代，这就是硅基时代。赫拉利的意思是，硅基时代已经来了。

硅基生命，或者说AI（人工智能），很有可能会超过碳基生命；或者说如果我们遇到外星文明，它是硅基生命的概率可能要大于是碳基生命的概率，为什么？

如果以人类碳基生命为参照，碳基生命的进化速度是有限的，甚至是有瓶颈的，就像我们生命体，人类百米短跑的天花板是9秒，如果速度要提高1倍，达到4.5秒，完全靠基因进化，恐怕至少要100年；同样，人类大脑神经元个数也就不到1000亿个，要想完全靠基因进化翻倍，头再大一倍，恐怕得1万年；但是对于硅基生命，现在的AI，CHAT

GPT，参数已经有1万亿个，如果按照摩尔定律迭代升级，参数翻倍可能就是1~2年的事情，事实上CHAT GPT 3.5到4.0也就不到1年。

所以，如果遇到外星文明，大概率是外星文明主动找上来，因为到现在，我们都没有任何外星文明存在的有效证据，也就是说，我们连外星文明的影子都没看到。那这个外星文明一定高度发达于我们现在的文明。那你说，是碳基生命的概率大，还是硅基生命的概率大呢？

也许我有点杞人忧天，但我想，地球生命的秘密，就是来自碳的百搭和灵活，生命的价值，就是在于通过不断复杂来对抗外部环境的复杂。

其实阿西莫夫在60多年前已经洞察到了碳的这种独特性了，这也就是他为什么写《碳的世界》这本书的原因。

这种洞见到现在也不过时，而且依然是对的，碳依然是生命的本源和核心。碳这种百搭的风格是地球生命的源泉，所以碳才成为生命体最核心的元素。从这儿也可以看出来，减排碳以及碳相关的温室气体有多难，它是和人类生命系统关联在一起的，不是简单的变革或者一套技术突破就能解决的，碳中和会对人类产生非常深刻的影响。

现在最大的挑战是，硅基生命涌现出来了，我想这是阿西莫夫没有想到的，他没有想到人工智能会发展这么快。其实在阿西莫夫创造的世界里，是有机器人的，不过机器人系列距今1000年，处于基地系列之前。整个基地系列小说的大BOSS就是一个不断自我迭代升级的人工智能——丹尼尔，所有这些事都是丹尼尔策划的。阿西莫夫早就为碳基生命指明了方向。

我有时候在想，是不是这次全球范围的气候危机启动了硅基生命的全面崛起，因为人们已经不能满足于简单的计算要求，而是要求一个巨复杂的地球模拟系统来提供解决方案，这是不是就是硅基生命崛起的一个契机？

应对气候变化的复杂性，已经超过了人类自身的复杂性，这是一个巨大的挑战，所以需要借助硅基生命的力量，那么召唤出来硅基生命之后，会不会对我们自身带来挑战呢？我不得而知，但我想这种可能性是存在的，而且未来这种可能性会越来越大。

甲烷：最小有机物，身份最复杂的温室气体

甲烷（CH₄）是最小、最简单的有机物，为什么竟然成为身份最复杂的温室气体呢？按照阿西莫夫的原话，从简单讲起。

To start with something simple.

只由碳和氢两种原子构成，不包含其他原子的有机物叫碳氢化合物，现代科学判断有机物的依据就是看是否有碳-氢键。所以，最简单的碳氢化合物或者说有机物，当然是只含一个碳原子且有碳-氢键的化合物，这就是甲烷，因为甲烷一个碳原子，链接四个氢原子。

阿西莫夫认为甲烷是最小、最简单的有机物，但他没想到这个小小的甲烷在此后居然掀起滔天巨浪，产生了惊世骇俗的影响。2023年，联合国气候变化大会上，全球各国领导人都要讨论怎么应对甲烷，世事难料。2023年11月7日，生态环境部等11部门印发《甲烷排放控制行动方案》；2023年11月15日，中美两国发布《关于加强合作应对气候危机的阳光之乡声明》，8次提到甲烷。

甲烷在全球应对气候变化中的地位相当重要，是全球第二大温室气体，仅次于二氧化碳。根据IPCC第6次评估报告，2019年，全球甲烷排放量为110亿吨二氧化碳当量，接近全球温室气体的1/5（18.6%），甲烷的温室效应是二氧化碳的28倍。也就是说排放1吨甲烷，相当于排放28吨二氧化碳。

全球甲烷的来源主要是能源活动（占45%）和农业活动（占40%）。能源活动甲烷排放主要是煤炭开采和油气开采导致的甲烷逸逸；农业活动甲烷排放包括水稻种植、畜禽粪便处理和畜禽肠道发酵。最后一个俗称打嗝和放屁，牛打嗝和牛放屁只是畜禽肠道发酵一种，注意不只是牛（反刍动物）才打嗝，其他家畜（羊等）也有。此外，垃圾填埋场和污水处理厂也会产生和排放甲烷。

让甲烷在温室气体里面独领风骚的，还不是这些，重要的是它下面的3大独特之处。

第一，甲烷是身份最复杂的温室气体，怎么说？外号最多，比如说，天然气、煤层气、瓦斯、沼气、生物气等。稍微辨析下，之所以这么多名称或俗称，主要是因为甲烷的来源多。

天然气是甲烷最常见的称呼，尤其在能源领域，主要是在油气开采过程中获得的甲烷。

沼气是有机物质在厌氧条件下分解产生的，甲烷是其主要成分。阿西莫夫是这么描述的，埋藏在水底或是地下的生物尸体，在腐烂和分解的过程中会产生甲烷。在沼泽地带，埋藏在水底的树桩和其他植物腐烂后产生的气泡，主要也是甲烷，很有画面感。

生物气是农作物废弃物、动物粪便等，在厌氧消化过程中产生的气体，主要成分也是甲烷。

煤层气或者煤矿瓦斯是在煤矿开采过程中从煤层中释放出的甲烷。阿西莫夫说，在煤矿的小空洞中也有甲烷。煤的主要成分是碳原子，在形成煤的同时，也产生了少量甲烷，这些甲烷被包裹在煤矿中。开矿的时候，煤层破裂，甲烷渗入到矿井的空气中，会造成危险。

我以前一直以为煤层气和煤矿瓦斯是一回事，直到有一次，一位煤炭专家非常认真地告诉我，这两者有区别，是什么呢？他说，存在于煤矿中的是煤层气，被开采或者抽采出来以后就是煤矿瓦斯，说实话，我还是没有理解这两者之间的差异，煤矿瓦斯可能是甲烷的煤层气马甲的马甲。

第二，甲烷是温室气体中的污染物。甲烷对人体健康有影响，这和二氧化碳不一样，二氧化碳不会对人体健康产生直接影响。甲烷和其他空气污染物混合形成地面臭氧和颗粒物，会损害肺部，引发哮喘，增加中风和其他心血管疾病的风险。所以，甲烷有协同减排的意义，也就是说减少甲烷排放，不仅会减缓全球气候变化，还会改善局部人体健康，甲烷是减污降碳协同增效的重点目标之一。

第三，甲烷是温室气体中唯一的能源，而且是非常有价值的能源，以前是，现在是，未来还是。二氧化碳其实是能源利用后的废弃物，而甲烷本身就是高品质能源。

甲烷所有的马甲或外号，天然气、煤层气、瓦斯、沼气、生物气，其实都是非常重要的能源，而且还是清洁能源。

现在甲烷已经成为商业火箭的理想燃料，比如中国的天兵科技研制的"天龙二号"、蓝箭航天的"朱雀二号"，国际上的Space X第三代"猛禽"、贝佐斯的蓝色起源等，都是使用液氧甲烷作为核心燃料。在可见的未来，无论火箭的动力系统如何，最终都会走向液氧甲烷，为什么甲烷如此受宠呢？

道理很简单，甲烷是最小、最简单的有机物，所以会天然自带3大优势，便宜、干净、便捷。

由于最常见，供应充足，所以成本低；燃烧后，仅产生二氧化碳和水，非常干净，这对于可回收火箭非常重要。传统的煤油由于含碳量高，燃烧后容易在发动机内积碳结焦，堵塞发动机。

最重要的是，甲烷很常见，即便在火星或者宇宙范围内也是如此，而且制取方便。Space X的目标是把人类带上火星，那么就必须解决长期燃料来源问题。火星甚至宇宙中都有甲烷，比如，"土卫六"这颗土星的卫星上，就遍布甲烷湖。就算暂时没法去其他星球获取甲烷，也可以在火星上直接制作甲烷，不必从地球带燃料过去。

最后，我想感慨下，甲烷是生命的起点。世界上最有名的生命起源实验，1953年的米勒–尤里实验，模拟早期地球的大气条件，使用的就是甲烷、氨、氢和水，注意，这里的甲烷，是唯一一个有机物。通过电火花模拟闪电，促进化学反应，产生出氨基酸，氨基酸是生命中蛋白质的基本单元。

甲烷也是生命的终点，大部分生命死后，都会分解为甲烷和二氧化碳。作为生命体中最小的有机物，甲烷贯穿了生命的始终。

四氯甲烷：曾经的科技新秀，现在的"双面杀手"

　　阿西莫夫讲了一群叫作卤族的元素。卤族有四个主要成员：氟、氯、溴、碘，它们和氢原子很像，只能与其他原子结合形成一个键，所以卤族元素很容易替代氢原子。

　　最小的有机物是甲烷（CH_4），如果甲烷分子中的四个氢原子都被卤族中的氯原子替代，那就成为四氯化碳（CCl_4），也称四氯甲烷。

　　阿西莫夫说，四氯化碳是非常好的灭火材料，它里面完全没有氢原子，不能燃烧。液态的四氯化碳很容易成为气体，比空气重5倍，因此不容易被吹散，就能把火焰包起来，使火焰与氧隔开，从而灭火。能灭火且不导电，这使得四氯化碳成为电气火灾的理想解决方案。

四氯化碳确实是人类早期人工合成的重要灭火剂，非常好用，20世纪初，四氯化碳灭火剂就已经商业化了，现在熟悉的各种手提灭火器材，最早都是为四氯化碳量身打造的。20世纪上半叶，有一种常见的灭火器是一次性密封玻璃球，称为"消防手榴弹"，里面充满四氯化碳，将它扔到火焰底部即可灭火。

四氯化碳还是很好的清洁剂，因为它是许多物质（比如油脂和焦油）的溶剂，近70年以来一直被广泛用作清洁液。四氯化碳也可以用作制冷剂，更重要的是，它可以生产另一种制冷剂，氟利昂（二氟二氯甲烷）。

不易燃、不易爆、无气味、能灭火、能清洁、能制冷，俨然就是科技新秀，当时是绝对的高科技人造产品，前景一片大好。

但是，一个重大的科学发现，彻底改变了四氯化碳的命运。发生了什么呢？

原来，科学家在南极发现了一个"臭氧层空洞"。具体就是，南极地区春夏季上空，平流层的臭氧在迅速损失，已经减少了70%，就是说三分之二没了。形象的说法，就是全球整个臭氧层在南极出现了一个空洞。

为什么会出现这个"臭氧层空洞"呢？科学家发现，是人造的含氯化合物造成的，因为这种物质到达平流层后，被紫外线辐射分解，释放出氯原子，氯原子会导致平流层中臭氧（O_3）分解。一个氯原子能和十万个臭氧分子作用，而且氯原子还只是催化剂，本身并不消耗，想想有多厉害，这就是一种病毒式的破坏。

出现了"臭氧层空洞"，或者说臭氧层被破坏了，会怎样呢？你可能说了，有就有呗。如果你学过环境学，还会知道，地表的臭氧还是污染物。臭氧在地表的确是污染物，需要清除和治理，但在天空，平流层却是我们的保护伞。因为平流层臭氧吸收了到达地球表面的大部分紫外线B辐射。出现空洞，到达地表的紫外线辐射增加，会导致皮肤癌增加，并危害农作物和海洋浮游植物。

为什么只在南极出现"臭氧层空洞"，其他地区就没有吗？其他地区也有臭氧消耗，但没有这么严重。之所以南极形成空洞，是由于南极特殊的气候条件导致的，南极在冬季会出现极夜现象，即长时间的黑暗和极低温度，有利于形成极地平流层云，这就为含氯化合物提供了加速集聚的表面，当阳光在春季返回南极时，含氯化合物破坏臭氧就非常严重，导致臭氧层空洞。北极地区气候条件相对温和，所以空洞不明显。

这一发现和因果链条非常清晰，震惊全球。主要科学家克鲁岑、莫利纳和罗兰都获得诺贝尔化学奖（1995年）。当然，这一发现也惹怒了含氯化合物的生产商，杜邦公司就表示，臭氧消耗理论是"一个科幻故事……一堆垃圾……无稽之谈"。

1987年9月，全球主要国家达成《蒙特利尔议定书》，同意逐步停止生产导致臭氧消耗物质来保护臭氧层。1989年1月1日，《蒙特利尔议定书》正式生效。只用了不到2年时间，效率非常高，想想《京都议定书》，签署是1997年12月，生效却是2005年2月，用了近8年。

从此，四氯化碳就被贴上了一个标签，消耗臭氧层物质（Ozone-Depleting Substances），就是常说的ODS，成为被淘汰的对象。

倒霉的事还在后面，气候变化问题凸显后，科学家又发现四氯化碳还是一种非常厉害的温室气体，有多厉害呢，增温潜势高达2200，也就是说，排放1吨四氯化碳，相当于排放了2200吨的二氧化碳。

四氯化碳成了当之无愧的双面杀手，杀臭氧、杀气候，大杀四方。

不知道你看出来没有，这个科技新秀反转为双面杀手的故事，之所以这么快，一个重要原因是，科学家造出了一个非常形象的概念——"臭氧层空洞"。"臭氧层空洞"把公众对于健康和来自本能对黑暗无底洞穴的恐惧完美结合在一起。

说实话，如果让我看20世纪80年代的全球臭氧层分布，如果不说有空洞，我是看不出来个所以然的。但正是这种形象比喻所带来的震撼效果，让《蒙特利尔议定书》签署和执行得非常快。

回到气候变化，我觉得就缺一个非常形象和可视化的比喻，现在天天说气候危机，但到底怎么危机？危机后能怎样？能否用一个简单形象的比喻来描述呢？

总不能用"气候夏天"吧，比如"气候火焰山"是不是好点？这种形象、比喻式的概念非常重要，能直指人心，触发公众的内心情感，是我们采取及时、有效碳减排行动的巨大动力。

被阿西莫夫严重误判的制冷剂

从四氯化碳引出了氟利昂，氟利昂应该说是被阿西莫夫误判最严重的产品了。此话怎讲？

阿西莫夫说，氟单质是一种淡绿色的气体，有毒、活跃，氟甚至可以说是最活跃的化学元素。几乎任何一种分子，只要和氟接触，就会被它撕裂开——氟原子跑进去替换其中的某些原子（化学中的置换反应）。

因为氟原子小，又活泼，所以，它如果置换氢原子，占的空间小，随心所欲，比起那些大原子的置换，要灵活得多，因为大原子受空间限制，不能置换出有机化合物中的所有氢原子，但氟原子却能。

氟制成的化学品中，我们最熟悉的，可能就是二氟二氯甲烷（CCl$_2$F$_2$），就是氟利昂［氟利昂是氯氟烃（CFCs）的统称，这里单指二氟二氯甲烷］，这是阿西莫夫时代最熟悉的。其实到60多年以后，我们最熟悉的氟化物，可能也是氟利昂。

氟利昂是甲烷分子的两个氢原子被两个氯原子置换，剩下两个氢原子被两个氟原子置换，它是一种非常好的制冷剂，气体，容易液化。工作原理是，在压力下，它变成液体，去掉压力，液体又变回气体。这样，通过液体–气体的变化中吸收热量，产生制冷效果。

阿西莫夫时代早期，制冷剂都是无机化合物，通常是氨或者二氧化硫，就称之为人类第一代制冷剂，阿西莫夫认为不好用，有恶臭味，还有毒，这两种物质都会腐蚀管道，容易着火，非常危险。

上述缺点，氟利昂一个都没有，无臭、无毒、不腐蚀、不着火、不溶水，化学性质非常稳定，制冷效果极好，当时就找不出一个缺点，全是优点，要不也不会用几十年。所以阿西莫夫非常看好氟利昂。

氟利昂成了替代第一代制冷剂的第二代制冷剂，势头正盛的时候，"臭氧层空洞"出现了。

1989年1月1日,《蒙特利尔议定书》正式生效,其中要淘汰的化合物中就包括氟利昂。

虽然要淘汰氟利昂,但真正消耗臭氧的其实不是氟,而是氯。但由于氟利昂名气大,名字里面氟字当头,所以大家误以为是氟危害臭氧层,氟利昂被"躺枪"了。

但人类对于制冷的需求却从来没有降低过,反而随着生活水平的提升,不断提高。现在谁家没冰箱?可是在20世纪50年代,问问自己的祖辈父辈,有几个家庭知道冰箱?

所以,制冷剂还是需要的,于是,由于限制和禁止了氟利昂,就开发了氟利昂的替代品,具体操作就是尽量减少氟利昂中的氯原子。

替代氟利昂的第三代制冷剂主要就是氢氯氟碳化合物(HCFCs)。

这个HCFCs,和氟利昂(CFCs)相比,就少了氯,它的名称里面第二个C,代表氯,说明还是有氯原子。因此,还是有破坏臭氧层作用,但比氟利昂要弱很多。

随着气候变化问题的兴起,HCFCs被发现是一种非常重要的温室气体,增温潜势高,比如HCFC-

22，增温潜势是1960，排放一吨HCFC-22，相当于排放了1960吨的二氧化碳，所以再次成为被淘汰对象。

在1992年《蒙特利尔议定书》的哥本哈根修正案中，正式规定HCFCs的淘汰时间表。第三代制冷剂HCFCs也被判死刑。

于是乎，又出现了第四代制冷剂，还是沿用之前的思路，减少制冷剂中的氯原子，出现了氢氟碳化物（HFCs），这个HFCs里面不含氯了，所以不破坏臭氧层，这次总算是终极解决问题了吧？没那么简单。

第四代制冷剂HFCs，又被纳入了淘汰名单中。而且还就是《蒙特利尔议定书》要淘汰它。

那你可能就奇怪了，《蒙特利尔议定书》不是解决"臭氧层空洞"问题和淘汰消耗臭氧层物质的吗？HFCs现在不消耗臭氧层，你淘汰它干啥？

这就兜转回气候变化问题上了，HFCs虽然不破坏臭氧层，但它是一种极强的温室气体，比如排放一吨HFC-23，相当于排放了14600吨的二氧化碳。

所以《蒙特利尔议定书》发现，一通淘汰和替代，自己倒是没事了，但把制冷剂全都挤到危害气候变化的温室气体里面去了，这么一看，还是不行，还得继续淘汰。于是乎，2016年，《蒙特利尔议定书》通过基加利修正案，要求各国逐步淘汰HFCs，这其实属于帮助友军。

所以，第四代制冷剂，HFCs，成为两大国际公约《京都议定书》和《蒙特利尔议定书》共同管理的对象，这在国际上实属罕见。

HFCs是最重要的含氟温室气体。温室气体主要包括CO_2、CH_4、N_2O和含氟温室气体。后面这个含氟温室气体其实是一大类温室气体，《京都议定书》中包括的有：氢氟碳化物（HFCs，约有150种）、全氟化碳（PFCs，约有14种）、六氟化硫（SF_6）和三氟化氮（NF_3）等，这里面最重要的就是HFCs，如果按排放折算为二氧化碳当量计算，HFCs占含氟温室气体总排放的60%~70%，是绝对大头。

更为严重的是，HFCs是目前世界上排放量增长最快的温室气体，以每年10%的速度增加。联合国环境规划署报告显示，如果国际社会不对HFCs排放加以控制，到2050年，HFCs对全球温室气体排放的贡献将达到1/4，那影响就大了，快赶上甲烷了。所以说碳减排，不光针对二氧化碳，别忘了含氟温室气体，别忘了HFCs，光盯着军阀头子打击，没准哪个草头王以后摇身一变成了大祸根。

你也看出来了，第五代制冷剂该粉墨登场了，这次，包括天然制冷剂、氢氟烯烃（HFOs）和氨，都各展神通，阿西莫夫讨厌的氨作为制冷剂又回来了，真是反者道之动也。

氟利昂应该是被阿西莫夫严重误判的一种高科技产品，正因为太好用了，太普及了，所以替代起来极为困难，替代之替代当然也就难上加难了，由此下来，引出了一大堆温室气体，至少上百种。阿西莫夫的想象力再丰富，也想象不出来它的命运会如此多舛。

从氟利昂被不断替代的过程，其实可以悟出一个道理。那就是，现在看到的所有问题，可能曾经都是另外一个问题的解决方案，还可能是完美解决方案，只是我们现在已经忘了他当年要解决的那个问题。

DDT: 新技术的出现都默默标注了成本

阿西莫夫讲了一种化学杀虫剂，叫DDT，我估计现在还是有人听说过。阿西莫夫说，DDT能杀死昆虫，增加农作物产量，降低了由于昆虫传染的疟疾和斑疹伤寒等发病率。阿西莫夫对DDT持一种非常正面和乐观的态度。他没想到的是，此后，DDT的命运却是大起大落。

我先简单介绍下DDT的历史。DDT最初是由奥地利化学家奥斯玛·蔡德勒（Othmar Zeidler）在1874年合成的，DDT这个名字，是一长串化学名字的缩写，双对氯苯基三氯乙烷，末尾是"乙烷"，相当于乙烷是它的后缀，它是从乙烷合成而来的。

1939年，瑞士化学家保罗·米勒（Paul Her -

mann Müller）发现DDT能高效杀死蚊子、虱子和作物害虫，比其他杀虫剂安全，这个和阿西莫夫的观点一致，当然，应该说，阿西莫夫和米勒的观点一致。

正如阿西莫夫所说，DDT在二战期间广泛应用于杀死蚊子、扑灭虱子，成千上万的士兵、难民和囚犯身上被喷洒DDT，有效控制了蚊虫疾病，DDT在战争期间拯救了数百万人的生命。米勒在1948年因DDT获得了诺贝尔生理学或医学奖。

DDT在二战后广泛用于公共卫生和农业。世界粮食增产主要靠两种化工产品——化肥和农药。DDT在很长时间里是使用量最大、应用范围最广的农药。

直到阿西莫夫写《碳的世界》的时候，1958年，DDT还都是万能杀虫剂、农业好帮手。1962年，DDT让全球疟疾的发病率降到了历史最低。

然而，就是1962年，一位环境领域的大神，蕾切尔·卡森（Rachel Loutse Carson）横空出世，一本《寂静的春天》直接将DDT打入地狱。

《寂静的春天》影响极大，是全球环境保护领域里程碑式的著作，研究环境的人应该都看过。即使是在当时，《寂静的春天》也产生了广泛的影响。这本书现在看，就是对DDT的控诉，书中DDT出现了146次，要知道这本书本身也没有多少字，中文翻译版除去参考文献，才16万字，也就是说，卡森基本上不停地提醒读者——我是在说DDT。下面一段文字请你细细体会下：

> 人们本想去除少量杂草和某些虫子，结果却杀灭了所有的昆虫，益虫和害虫都难逃一死；这些化学药品使鸟儿停止欢唱，鱼儿不再戏水……地球披上毒壳，它们不仅是杀虫剂，还是"杀生剂"！自DDT投入民用开始，人们所需农药的毒性不断升级。

《寂静的春天》不愧为唤醒公众环境意识的启蒙之作，它催生了世界环保运动和环境治理。小说《三体》中，多次出现《寂静的春天》这本书，正是因为叶文洁读了《寂静的春天》，触发了她的共鸣，最终放弃了人类。

1972年，美国环境保护署禁止在美国使用DDT。之后，很多国家都禁止使用DDT。2001年，联合国环境规划署《斯德哥尔摩公约》限制使用DDT。DDT从此被打入冷宫。

直到2006年，被封禁了30年的DDT，又迎来了命运的反转。世界卫生组织呼吁重启DDT[①]，抗击疟疾，为什么？

DDT被禁后受影响最大的是非洲，从前就指望它灭蚊防疟疾。非洲在2000年时疟疾感染人数是1.73亿[②]，占全球疟疾病例的一半（50%），所以疟疾死亡率高。你想，马斯克2001年去趟非洲度蜜月，都能染上疟疾，当时差点死在非洲。

近60年，全球仅室内DDT喷雾杀虫控制疟疾，就保护了数百万人的生命。但当DDT在南非被替代时，疟疾病例和死亡人数突然增加。根据《柳叶刀》（*The Lancet*）的研究文章[③]，全球疟疾死亡人数从1980年的99.5万增加到2004年的180万，涨了80

---

① World Health Organization (WHO). Indoor residual spraying: use of indoor residual spraying for scaling up global malaria control and elimination: WHO position statement [R]. World Health Organization, 2006.

② BOUWMAN H, VAN DEN BERG H, Kylin H. DDT and malaria prevention: addressing the paradox [J]. Environmental health perspectives, 2011, 119(6): 744-747.

③ MURRAY C J L, ROSENFELD L C, LIM S S, et al. Global malaria mortality between 1980 and 2010: a systematic analysis[J]. The Lancet, 2012, 379(9814): 413-431.

多万，主要就发生在非洲。

没有DDT，非洲抗疟疾主要靠奎宁、青蒿素和蚊帐，但这是一种防御措施，推广普及效果差，使用可能还不规范，几个人用一个破蚊帐，你说这有啥效果？喷洒DDT，就是主动进攻。所以，综合评估下来，至今都没有找到能替代DDT这样廉价、有效控制疟疾的手段。

2006年，非洲重启使用DDT后，疟疾感染下降了45%，这种立竿见影的效果是其他手段根本无法企及的。

有一位非常著名的惊恐科幻作家迈克尔·克莱顿（Michael Crichton），在他的《恐惧状态》这本小说里提到了DDT。主人公科贝尔，学识渊博，能文能武，兼备卡尔·萨根和福尔摩斯的特质。他就说，禁用DDT，让5000万人死于非命，比希特勒杀的人还要多，的确惊悚，这当然就是代表作者的观点了。

这个克莱顿可不是无名之辈，他就是小说《侏罗纪公园》的作者，也是电影《西部世界（1973年版）》的编剧和导演，这是现在美剧《西部世界》的前身，我当年看这个电影到结尾，那个机器人缺胳膊断腿，面目全非，还不停追杀主人公的场面，给我心理造成了极大的阴影。克莱顿小说风格有点惊悚+反科学，让人感觉科学发展取得巨大成果的同时，都隐藏着极端危险。

杀虫剂的故事，给我的启示是什么呢？我觉得，任何技术都是双刃剑，世上没有百利而无一害的事情，也不存在完美解决方案，你看到的完美解决方案，只是没看到它可能的代价，DDT的故事对于技术双刃剑，展现得淋漓尽致，这才是社会的真实场景。

所以，对于一个具体技术，比如说DDT，怎么评估它的优劣呢？我想只能去充分比较它所能带来的收益和损失。你可能要问，能操作吗？能，其实，现在的技术评估，尤其是应对气候变化领域的技术评估，都是基于货币化的收益和损失开展的。如果一个技术的收益大于损失，那就值得迭代和应用。

你可能又要问了，货币化的结果靠谱吗？未来出现新的情况或者损害，我们能预测吗？我的回答是，都不能。但我们所有的决策和行动，难道都不是基于当前的认知水平吗？我们唯一能做的，就是在实战中不断提高自己的认知和判断力，根据反馈及时调整，并且始终对地球保持一颗敬畏之心。

乙烯：石化行业的催熟剂，低碳转型的催化剂

石油化工行业有一种非常神奇的产品，就是乙烯，它的第一次大规模量产代表着全球石化行业的成熟，它的生产水平代表着一个国家石化行业的发展水平，现在，它又是石化行业低碳转型的催化剂。

如果两个碳原子用一键链接，其他键和氢原子链接，就是乙烷。如果两个碳原子用双键链接，其他键和氢原子链接，就是乙烯（C_2H_4）。

阿西莫夫说，碳–碳双键存在张力，像皮筋一样绷着能量，所以双键活泼不稳定，随时会断裂，把能量释放出来。

如果两个碳原子用三键链接，张力比双键更大，蕴藏的能量更多，这就是乙炔（C_2H_2）。乙炔燃烧时，三键断裂，火焰温度高于乙烷或乙烯。所以乙炔就被用作焊接，也就是常见的氧乙炔焊机，两个管，一个通氧气，一个通乙炔，喷口处两种气体混合，点燃后焊接或切割金属，这种火焰切钢板，跟切豆腐似的。

三键蕴藏能量之大，甚至会爆炸，甲烷不加热不会燃烧，但一些金属炔化物，比如说银炔化物（Ag_2C_2），铜炔化物（Cu_2C_2）等，别说加热，就是轻轻被敲一下都会爆炸。

两个碳原子间是否会用四键链接呢？不可能。为什么？因为要形成四键，每个碳原子需要共享四对电子，从分子几何学看，空间上实现不了，就像两只刺猬，没法每根刺都对上，除非把刺猬皮拔下来然后再碾平。

不知道你看出来没有，从乙烷、乙烯、乙炔来看，这类命名的后一个字，都是越来越少的意思，没错，就是氢越来越少，因为碳键被碳原子自己消纳了。氢原子越少，就认为越不饱和。碳—碳一键链接，就叫饱和烃，张力和能量最小，所以叫"烷"，完成了，意味着能有氢的地方都有了。两键、叁键链接，都是不饱和烃，"烯""炔"，代表缺氢越来越多，张力和能量越来越大。

不活泼不太好，就像乙烷，太活泼也不行，就像乙炔，乙烯就刚刚好。

因为乙烯兼具灵活和稳定的特性，在高温和高压下会发生两个非常神奇的变化。首先，乙烯分子双键断开一个；其次，邻近乙烯分子，在断开键的地方相互链接。结果就形成了乙烯分子手拉手的样子，出现一个非常长的链，大到几千个碳原子，这就是大分子了，而且都是单键链接。这种化合物叫聚乙烯。聚乙烯大家应该不陌生，用途极广，塑料的原料就是聚乙烯。

这种大长链分子可以非常复杂，不仅可以长短不同，还可以在空间上有不同布局，改个姿势就是一种新化合物，科学上叫异构物，更不用说，再与其他物质反应生成新化合物，比如说，聚氯乙烯，就是咱们常见的PVC，可想而知，这种变化加空间排列组合，能形成多少万亿种有机分子。

所以，乙烯成为石化行业的乐高零件，是非常基础的化工原料，是所有碳氢化合物中最重要的一种。全球范围内，75%以上的石化产品和40%以上的有机化学产品是以乙烯为原料的，乙烯是世界上产量最大的化学产品之一。

全球将乙烯产量作为衡量一个国家石化发展水平的重要标志之一。乙烯产业的成熟，代表着一个国家石化行业的成熟。

全球乙烯产业发生过三次重要变迁，反映了全球产业链和大国制造能力的变化。1940 年，美孚石油公司建成第一套以炼厂气为原料的乙烯生产装置，开启了以乙烯为中心的石化产业。

美国乙烯快速发展后，逐渐向欧洲转移，因为欧洲石油价格低且工艺优化速度快，形成了乙烯产业第一次变迁。

20 世纪 70 年代，受下游纺织、服装、汽车等产业发展影响，乙烯生产从欧美转向日韩，乙烯产业出现第二次转移。

21 世纪初，随着中国制造能力和综合国力的提高，乙烯生产转移到中国，乙烯下游更加多元化。2023 年中国乙烯产能达 5000 万吨，成为全球最大的乙烯生产国。

乙烯生产过程需要大量的热。每生产 1 吨乙烯，会排放 1.5 吨二氧化碳。全球乙烯产量 1.6 亿吨，排放 2.4 亿吨二氧化碳，相当于埃及一个国家的年排放量。

乙烯的出现和广泛应用，催熟了全球石化产业，这当然是一个比喻。巧的是，乙烯真的就是一种水果催熟剂，而且古人很早就知道。苏东坡就曾经使用木瓜催熟生柿子，苏东坡在《格物粗谈》写道："红柿摘下来未熟，每篮用木瓜三枚放入。得气即发，并无涩味。"他以为那是木瓜中的某种"气"，"得气即发"，不过也没错，就是一种气体，乙烯气体。

碳中和时代，石化行业的低碳转型非常迫切，乙烯对石化行业的低碳转型至关重要。石化行业的低碳转型还得从最基础、最核心的乙烯入手，乙烯当之无愧是石化产业低碳转型的催化剂。

现在已经涌现出了不少低碳、零碳制取乙烯的工艺。例如生物质制乙烯，能实现近零排放；可再生能源制乙烯，使用来自风能、太阳能或水能的可再生能源电力，将二氧化碳转化为乙烯，还有可能实现负碳排放。

如果这些工艺成熟并大规模推广应用，那会催熟整个石化行业的碳中和，你看，乙烯就具备这种与生俱来的影响力。

塑料：既要灵活，又要稳固，还要低碳

从乙烯到聚乙烯，是人类的重大发明，因为人类终于制造出来了梦寐以求的东西，既能灵活造型，又坚固耐用。阿西莫夫的评价是"很轻、干净，不易破损、防水防腐"，这就是塑料［塑料其实是聚乙烯（PE）、聚丙烯（PP）、聚氯乙烯（PVC）等的统称，这里就指聚乙烯］。还能找到比塑料更完美的人造产品吗？

有部纪录片叫《塑料成瘾》（*Addicted to Plastic*），导演试图过一天没有塑料的生活，发现根本做不到。塑料制品在人类生活中无处不在、无孔不入，我写到这，自己在家里认真数了数，入目可见的塑料制品就不少于150件，你说多厉害。

但现在塑料的名声不太好了，从污染环境，到微塑料影响人体健康，又不低碳，甚至连演个戏，都说人家演员有"塑料感"，到底发生了什么让塑料这么不受待见？我们也不想和一个危险品朝夕相处、亲密接触。

现代意义上的塑料，也就是以乙烯为基础的塑料产品，其实是搭上了石油工业大生产的便车。二战后，随着石油行业的快速发展，塑料的产量迅速提高，到阿西莫夫写《碳的世界》时候，塑料已经大行其道了。

用了不到100年的时间，塑料就完成了对全世界的统治。塑料可以说是人类历史上最成功的化学材料，没有之一。《自然》期刊在2020年有一篇文章计载[①]，全球塑料的总质量，已经是全球动物总生物量（干重）的两倍。今天全球塑料1年的产量就4.6亿吨，人均57.5千克，相当于一个人的体重。

之所以出现塑料污染，就是塑料难降解，这本来是塑料的最大优势，就是阿西莫夫说的，不怕酸、

---

① ELHACHAM E, BEN-URI L, GROZOVSKI J, et al. Global human-made mass exceeds all living biomass [J]. Nature, 2020, 588(7838): 442-444.

不怕碱，性质稳定，而且物美价廉。

但如果塑料被随便扔在自然环境中，那这种难降解就意味着不会发生任何变化。你说，这不是好事吗？对人类是好事，对自然界可不是。因为这些东西根本不属于自然界。本来自然界能分解人类产生的废弃物，但塑料太厉害了，自然界奈何不了它、也无法分解它。

这里解释下降解，从碳链角度看，塑料降解是指塑料大分子断裂和分解，最终形成小分子，甚至无机物。一般来说，到6个碳原子或者以下，比如葡萄糖就是6个碳原子（$C_6H_{12}O_6$），就可以说被降解了。当然了，如果能降解到1个碳原子，变成二氧化碳和水，那就是彻底降解。

塑料是乙烯分子手拉手链接起来的大分子，分子量一般在几万到几十万，碳链最长的，比如超高分子量聚乙烯（UHMWPE），分子量能达到150万，这在自然界从来没有过，所以根本没有能降解高分子的微生物和酶，因此塑料无法被生物降解，更无法被自然吸收。

塑料可以在土壤中存在400年以上，这就极大影响了生态系统自身的运作和循环，就像洗衣机里有个石子，卷筒怎么转，石子都在叮叮当当地响。太平洋上最大的塑料垃圾聚集区，面积已经达到了160万平方千米，相当于法国面积的3倍①。

塑料会在生物体内累积，危害生物和人体健康。这就要说到塑料对健康的影响了。一篇2020年发表在《环境健康展望》（*Environmental Health Perspectives*）期刊上的文章②，说全球每人每年要吃进5.5万颗微塑料（微塑料直径在5mm以下），主要是通过吃海产品。目前，微塑料对人体健康的危害还没有被完全证实，主流结论是，即便存在危害，也是比较轻微的。还是那句话，塑料毕竟化学性质稳定嘛。

说塑料是高碳产品，倒没冤枉它，塑料出身于石油制乙烯，它不高碳谁高碳。1吨塑料如果按照全生命周期算，碳足迹是3~4吨二氧化碳当量，全球塑

---

① OECD. Global plastics outlook: Economic drivers, environmental impacts and policy options[M]. OECD Publishing, 2022.

② DANOPOULOS E, JENNER L C, TWIDDY M, et al. Microplastic contamination of seafood intended for human consumption: a systematic review and meta-analysis[J]. Environmental Health Perspectives, 2020, 128(12): 126002.

料产业的排放量每年约为 18 亿吨二氧化碳当量[1]，世界上没有几个国家的碳排放能超过这个数。所以，塑料也面临着低碳转型。

其实，以上问题，环境污染、人体健康和低碳转型，本质上就是要解决塑料的来源和稳定性的问题，这恰恰是塑料被产生出来甚至大行其道的根本原因，人类忘性大，用得好了，嫌人家问题多。

能解决吗？能。一个重要的方向就是生物基塑料，聚乳酸（PLA）塑料，原材料来自玉米淀粉或甘蔗，制取葡萄糖，葡萄糖经微生物发酵产生乳酸，这一步与食品、饮料行业的发酵过程类似，乳酸经过聚合形成高分子量聚乳酸链，再经过提纯、挤压，最终形成生物基塑料产品。

来源问题可以解决，不用石油，碳排放就会大幅下降，同时，降解后就是二氧化碳和水，因此不用担心环境和健康问题。同时把可再生能源充分利用到塑料生产中，可以大幅降低塑料全生命周期中的碳排放，甚至有望出现负碳足迹，因为原材料本

---

[1] ZHENG J, SUH S. Strategies to reduce the global carbon footprint of plastics [J]. Nature climate change, 2019, 9(5): 374-378.

来就是植物，就是碳汇。

其实，就像人造和自然本质上就是矛盾的，灵活性和稳定性本质也相互矛盾，你如果追求塑料可降解，必然影响塑料的防水、防腐，要不怎么降解呢？

说到底，还是既要、又要、还要的人心矛盾，本质还是人心的贪欲。

全球变暖问题，不就是人类对于碳的贪婪造成的吗？对煤、油、气化石能源的过度使用和依赖。我想以后即便实现碳中和，摆脱了碳的世界，可能又掉进另外一个世界，比如说硅的世界，人心不变，这个矛盾就永远存在。所以，在碳中和道路上，减排固然重要，但更重要的是增加我们对于自然的敬畏感和谦卑心。

石油: 燃料? 原料?

石油大家都熟悉，有个问题，石油是燃料还是原料？好像不好回答。那这个问题重要吗？非常重要，尤其是在碳排放核算的时候，为什么？

石油是三大化石燃料之一。全球碳减排，其实主要就是针对煤、油、气这三种化石燃料。全球2022年石油使用排放120亿吨二氧化碳，煤炭使用排放150亿吨二氧化碳，天然气使用排放不到80亿吨二氧化碳。石油碳排放仅次于煤炭，超过天然气。

但石油对我们的渗透和影响，要远超过煤炭和天然气，吃穿住行每个环节，都离不开石油。

吃：石油生产的化肥和农药广泛应用于农业生产，根据《石油简史》，1900年，美国农民需要劳作

3分钟才能生产1千克小麦，到了2000年，劳作时间降到了2秒钟，最快1秒钟，很大程度上都是石油的功劳。

穿：衣服，包括聚酯、尼龙和丙烯酸，都是由石油生产的合成材料制成的。石油是服装产业的重要支撑。

住：建筑材料，塑料、沥青、防水绝缘材料等，都离不开石油。

行：行是最依赖石油的。石油是现代交通运输体系的基本动力来源，汽油、柴油、喷气燃料、燃料油是交通运输的主要能源，全球70%以上的石油都进入了交通领域。

石油为什么这么厉害呢？

因为煤炭和天然气的主要用途是燃烧，获取能源，排放二氧化碳的过程也相对简单。煤炭有一部分会被做成冶金焦或者焦炭，但最终还是用于燃烧。石油就不一样，它有相当比例不是被烧掉了，而是作为工业原料，最终成为工业产品。

所以说，石油是工业的血液，它不仅提供能源，还提供原料，石油应用场景的复杂性，增加了石油碳排放的复杂性。

全球平均而言，一吨石油，大约有0.85吨被燃烧，0.15吨被用作原料。

石油应用的复杂性其实来源于石油成分的复杂性。石油中包含了烷烃、烯烃、炔烃、芳烃等1000多种化学成分（烷烃占50%，烯烃占20%，芳烃占20%）。

阿西莫夫说，石油不是开采出来就能用，需要经过一系列的分馏、提取和多次加工，变成不同产品，包括汽油、柴油、烷烃、烯烃、润滑油等，这些产品再作不同用途。石油炼化过程中的蒸馏以及催化裂化、催化重整等，就是把不同成分分离出来或者重新整合，分别应用。

煤炭就相对简单，主要成分是碳（75%~95%），天然气更简单，基本是甲烷。

石油是我们获得碳氢化合物最主要的来源，也是几乎所有液体燃料的来源。石油号称是工业的血液，它更像是工业化时代的互联网，通过石油纷繁复杂的产品，把世界生产、生活以及各种交流链接在一起。

因为石油不仅是一个工业品，更是一个工业标准品，大家生产的石油都一样，所以竞争就是拼命降低成本、增加产量和销量。

石油还以标准产品的身份做过国际货币。20世纪70年代，布雷顿森林体系崩溃后，美国将美元与黄金脱钩，但与石油挂钩。石油替代了黄金，发挥国际货币的作用，这一时期也被称为"石油美元时代"。

更重要的是，石油通过全球油田上500多万个"磕头机"，每个"磕头机"就像一个路由器，把当代人类和几亿年前的生物链接起来，从此地球人就开了外挂，很像《流浪地球》里面的"地球发动机"。

然后，世界各地近30万座加油站，把石油和生产、生活紧密联系在一起。这难道不是工业时代的互联网模式吗？而且还是现在流行的边缘计算模式，加油站就像全球分布的大量节点，不管用户在哪，都能就近找到节点，能量、信息交流非常顺畅。

进入21世纪的数字时代，反而倒过来比喻，说21世纪的石油就是数据。

我们很难想象没有石油的样子，就像无法想象断了网之后的样子。

碳中和时代，石油面临低碳发展，相当于要给工业体系换血，你说挑战有多大？就像互联网换平台，换操作系统，代价有多大，你安装的各种APP软件，多半都得重新开发、重新安装，这是一场变革。

石油是原料还是燃料应该根据它的使用动机而不是使用结果来判断。如果使用石油的目的是获取能源，主要是电和热，那石油就是燃料，否则，石油就是原料，就这么简单。很多石油加工过程中的化学反应也会释放热，但主要目的是生产化学品，而不是那点热量，那石油仍然是原料。

你可能要问了，区分这个重要吗？非常重要。

IPCC制定的《国家温室气体清单方法学指南》中，明确区分能源燃烧排放和工业过程排放，如果石油被当作燃料使用，那碳排放就隶属于能源燃烧排放，如果石油被当作原料使用，那排放就隶属于工业过程排放，这可是两大不同的排放部门。

排放分类不同，未来的治理措施或者管理政策可能会有很大差异。打一个可能不太恰当的比喻，一个国家被认定为发展中国家还是发达国家，国际社会对它的态度和要求可能会有很大差异，但这个国家本质没有发生任何变化。早期全球碳排放统计，大家习惯使用IEA（国际能源署）的数据，IEA就明确说，只统计能源燃烧相关碳排放，不包括工业过程排放，界定很清晰。

炼化厂：多重约束、动态求优

生产和生活中的大部分碳氢化合物都是来自石油，准确地说，应该是来自炼化厂。

石油中的碳氢化合物成分非常复杂，炼化厂的作用就是把各种碳氢化合物一个一个挑出来。打一个比方，一个大型炼化厂，就像是一个大型快递驿站，海量快递像原油一样输入，驿站就开始分拣归类，按照属性上架，如果是群发包裹，还需要拆解开，如果是同一用户的多个包裹，还要搓堆。

按照这个思路，根据阿西莫夫的描述，看看炼化厂的真实过程。

炼化厂第一个重要工序就是蒸馏，就是快递驿站的分拣上架，原油进来后，根据碳氢化合物沸点不同，加热汽化后冷凝，通过物理方法把不同成分分离出来。化合物的碳原子越少，沸点越低，越容易气化。

蒸馏工序的设备就是蒸馏塔，塔里面有很多层托盘，刚一加热，小分子化合物就变成了气体，跑到上面的托盘上，然后冷凝成液体导出；随着不断加热，大分子化合物也气化了，从塔下面的托盘冷凝导出，这就是分馏。

这个工序已经很厉害了，可以分离出很多东西。首先分出来的是乙烷和丙烷，然后是汽油，接着依次是煤油、柴油、重油、沥青，常见的石油产品基本都已经分出来。

阿西莫夫说，五十年前，煤油非常重要，用于照明。阿西莫夫说的五十年前，应该是19世纪末，你可能不知道，那时候炼化厂主要的产品就是煤油。

现在认为重要的汽油、柴油等，当时反倒不重要，被当成副产品直接倒入露天油坑。

当然，也不能小看煤油，人类从石油中提取煤油，替代了原本用于照明的鲸油，真正挽救了鲸鱼。美国1859年在宾夕法尼亚州钻出第一口油井的时候，美国捕鲸船队每年在公海屠杀的鲸鱼超过8000头，差点把抹香鲸灭绝了。由于煤油的出现，短短

30年，捕鲸业就萎缩了95%。黑暗时代，人类为了照明，真是不择手段。

说到煤油，我想起了马塞尔·普鲁斯特的《追忆似水年华》这本书，据说大部分人看不过10页，我也看不下去，但刚好过了这个门槛。不过前10页有个高频词，就是煤油灯，因为普鲁斯特时代，恰恰就是煤油灯盛行的时代，而普鲁斯特的大部分写作都是睡前的想象，所以总出现煤油灯也就不足为奇了，可见当时煤油对人有多重要。我虽然只看了十几页，但看了也是受了《追忆似水年华》这种意识流写作的影响，本来说炼油厂，不知不觉聊到了煤油，又从煤油聊到《追忆似水年华》，真印证了普鲁斯特的观点，一个具体场景，一个词，能唤起人很多沉睡的记忆。

回到蒸馏塔，蒸馏塔最底部剩下来的，是比较重的产品，主要是沥青，也叫柏油，是铺路的好材料。别小看这个剩余残渣，沥青是石油产品的第二大非燃料用途，仅次于塑料。沥青道路容易维护，而且可以剥离和回收，在发达国家，回收量最大的材料并非铝或纸，而是沥青。

汽油发动机出现后，汽车大行其道，人们对于汽油的需求与日俱增，于是，生产汽油成为炼化厂的核心业务。这时候简单的蒸馏工序、物理分离，已经远不能满足汽油的产量要求。

这时候，炼化厂中催化裂解、加氢裂化、催化重整成了重要工序。还回到快递驿站这个比喻，这时候不仅需要分拣归类了，还需要分拆和组合。

催化裂解就是要把大分子的重质油品，通过化学过程变为小分子的轻质油品，比如汽油和柴油；加氢裂化类似，由于把大分子打开后，不一定刚好变成需要的汽油（主要是庚烷、辛烷），所以需要调配，也就是调整碳氢比。催化重整类似，在催化剂的作用下，低辛烷值石油升级为高辛烷值汽油。

所以，炼化厂除了原油，最重要输入的就是热和氢气。因为各个环节都需要加热，尤其是蒸馏塔。催化裂解、加氢裂化、催化重整其实都是调整分子结构，都需要拿氢气作为调配剂。

制热和制氢过程，都是高碳排放过程。不少炼化厂制热和制氢，用的竟然是煤。也就是说，使用燃煤锅炉生产蒸汽，使用煤气化来制氢（全球这种工艺占20%~30%，70%~80%的主流工艺是蒸汽甲烷重整工艺）。炼化厂原油多得是，为啥烧煤呢？原因很简单，成本低，煤炭更便宜，不少炼化厂是靠煤炭炼油的，碳排放能不高吗？

全球平均而言，每加工1吨石油，会产生0.3吨二氧化碳，这是平均值，如果过多依赖煤炭，这个值会高到0.5吨以上。注意，这只是加工。作为产品，汽油、柴油、煤油燃烧时的排放量还没算。

炼化厂的生产过程说完了，你可能觉得这也没啥，物理+化学，高中知识可解，那你就想简单了。理论上不难，不等于实际上好操作，要知道原油中含有上千种碳氢化合物，而且不同产地的原油，碳氢化合物成分比例差异很大。

要想按照预期目标，最终生产出来想要的产品，是一件非常困难的事情？为什么？

因为预期目标和市场都会变化，一会儿市场需要汽油，一会儿市场需要柴油，炼化厂就要调配方，在温度、压强、催化剂等共同作用下，不是想怎么调就能怎么调的。

这里面有个最重要的约束，就是收益最大，或者说成本最低，不能加工一半原油，浪费一半原油，那早破产了。所以炼化厂对于原油必须吃干榨净，渣滓都不能剩，这就是为什么炼油残渣、沥青都能找到用处。这时候炼油厂更像一个屠宰场，除了猪肉，猪毛、下水都要卖钱，而且产品还得按照市场成本－价格调节为最优。

你是不是觉得不太好办了？对了，求优就是所有炼油厂终极追求的目标。现代炼油厂，不仅受物理、化学客观规律制约，还得面对复杂的原油成分、严格的环境要求（包括污染物和二氧化碳）、多变的市场需求等多个目标。所以，一个典型的炼化厂，有多达上千个方程和几千个变量。这就是一个经典的规划求优问题。

一个占地1平方千米的中型炼油厂，产能100万吨乙烯，我粗略估算，每个蒸馏塔200个阀门（假如有3个蒸馏塔）、压缩系统100个阀门、蒸汽裂解装置300个阀门、反应器200个阀门、辅助系统300个阀门，大型阀门1500个，每个阀门管理上百个开关和仪表，相当于有上万个开关按钮，这些开关之间怎么统筹协调，先开哪个、后关哪个？先开几秒、后关几秒，都是需要精确计算和系统控制，否则会酿造重大事故，至少是重大浪费。

事实上，二战期间，乔治·丹齐格（George Bernard Dantzig）和约翰·冯·诺依曼（John von

Neumann) 开发了一种线性规划技术, 目的就是在战时优化资源配置, 战争结束后, 炼化行业如获至宝, 从此, 线性规划在炼化行业中大放异彩, 炼化行业应该是工业领域动态优化最成熟的行业。

你可以去炼化厂看看, 各种管道错综复杂、相互链接, 让人头大, 说它是一个复杂的神经网络也可以, 说它是一个社会网络系统的缩影也行, 都是反复迭代的结果。

碳排放这么一个重要约束加进来, 整个系统都会随之调整。包括原油、输出产品, 中间加工环节的温度、压强, 甚至催化剂, 都需要进行反复迭代优化, 才能使生产再次进入一个稳定系统。

其实炼化厂就像一个小型模拟世界, 炼化厂的求优, 不就是当前社会、经济体系在碳排放约束下的求优吗? 一旦你实现了最优, 那生产就会如丝般顺滑, 这个道理对个人也一样。有这么一句话, 对一个人, 符合你认知结构的最优解, 其实就是一个字"爽"。

水变油：从骗局到零碳解决方案

　　20 世纪 90 年代，曾经一度非常流行一个骗局——水变油，就是某大神研发出来一种试剂，滴到水里，水立刻成了汽油，倒入发动机，汽车就能开走。情景喜剧《我爱我家》中的一集，讲的就是这个故事，葛优扮演的就是这么一个大神。一个荒诞不经的骗局，现在竟真的成了科学事实，发生了什么呢？

　　阿西莫夫颇费笔墨讲汽油，因为，二战后，就是阿西莫夫写《碳的世界》的时候，汽油已经如日中天，与其说美国是车轮上的国家，还不如说美国是以汽油为血液的国家，没有汽油，车轮就是个摆设。那时候各种炼油厂把汽油作为核心产品。在 1900—1929 年，世界上没有一个实物产品像汽车那样传播迅速，根据美国经典经济史学专著，罗伯特·戈登（Robet J. Gordon）的《美国增长的起落》所述，美国1900年登记的汽车数量才8000辆，30年后就达到2680万辆。

阿西莫夫说，汽油是庚烷（C_7H_{16}）、辛烷（C_8H_{18}）等碳氢化合物的混合物。烷烃按碳原子的个数，从1到10，中文按照"天干"起名，甲、乙、丙、丁、戊、己、庚、辛、壬、癸，1个碳原子就是甲烷，7个碳原子就是庚烷，8个碳原子就是辛烷，超过十个碳原子，就干脆数数，十一烷、十二烷。

汽油本身是液体，不会直接燃烧，在气缸里汽化后，活塞向上运动将它压缩，火花塞点燃，气体膨胀，从而对活塞做功，驱动车轮运动。这里面有个问题，就是汽油汽化被压缩后，必须是受控点燃，不能自燃或者爆炸，否则就不是做功而是破坏了。

影响汽油受控燃烧的性质就是辛烷值，为什么？

因为庚烷或者辛烷，并不是单纯一种，比如辛烷（C_8H_{18}）有8个碳原子，它并不一定是8个碳原子排成一条直线，而可能在空间中摆成各种姿势，排成一条直线的，排得正，是正辛烷，否则都叫异辛烷，阿西莫夫说，辛烷有18种同分异构体，其实如果包括立体异构体，就有24种。

直链碳氢化合物，燃烧快，支链碳氢化合物，燃烧慢。汽车就不希望燃烧太快，容易爆炸。所以，汽油中如果全部是正庚烷，没有辛烷，辛烷值是零；如果全部是异辛烷，辛烷值是100。汽油的辛烷值越大，抗爆震性能越好，价格越贵。97号汽油辛烷值比93号高，因为具有更好的抗爆震性能。

阿西莫夫时代，出现了一种提高汽油辛烷值的方法，就是往汽油里面添加四乙基铅。这种含铅汽油在燃烧过程中会释放铅，对人的神经系统、血液系统、肾脏产生损坏，严重的话，还会引起铅中毒。因此，到20世纪末，全球基本都禁用了含铅汽油。

一种学术观点（Lead-crime hypothesis）认为[1]，[2]美国20世纪90年代犯罪率下降，就是因为20世纪70年代后期含铅汽油逐步下降导致的。这个很有意思，因为美国20世纪90年代犯罪率下降一直是

---

[1] REYES J W. Environmental policy as social policy? The impact of childhood lead exposure on crime[J]. The BE Journal of Economic Analysis & Policy, 2007, 7(1);

[2] HIGNEY A, HANLEY N, MORO M. The lead-crime hypothesis: A meta-analysis [J]. Regional Science and Urban Economics, 2022, 97: 103826.

谜一样的存在，各路人马都想给个说法。研究人员提出了各种理论，有警务改善理论，"快克流行"理论，人口变化理论（坏人变老）、堕胎合法化理论（坏人没出生）等，还有这个含铅汽油禁用理论。我之前是比较相信堕胎合法化理论，这一理论认为美国1973年"罗伊诉韦德"案判决后，堕胎合法化导致犯罪风险最高人群的生育率明显下降。但这次这个含铅汽油理论也好像很有道理。

汽油整整繁荣了一百年，然而，碳中和时代的到来，全球主要国家和地区，都发布了淘汰化石燃料汽车时间表。汽油基本上都用在汽车上，油车被禁，汽油时代也就要落幕了，正像当年汽油取代煤油登上历史舞台，现在，全球碳中和革命，汽油也面临着被取代的命运。

未来汽油命运如何呢？换赛道，水变油。还是汽油，来源不同了，以前来自原油，化石燃料，现在来自水，变成清洁零碳能源。

怎么实现？其实就是二氧化碳+可再生能源+氢，制取汽油。基本工艺是这样的：

首先，通过可再生能源发电，电解水制氢气。

其次，二氧化碳和氢气反应生成一氧化碳和水；

在催化剂的作用下，将氢气和一氧化碳转化为长链碳氢化合物，这一环节就是化工厂的费托合成，现在煤制油厂也会使用。

最后，通过加氢裂化、异构化和精炼，提高辛烷值，制成汽油。这一环节其实和炼油厂没有本质区别。

2017年，中国科学院大连化学物理研究所在《自然–通讯》上发表了这一技术工艺①，2022年第一个二氧化碳加氢制汽油的中试装置试产成功。水变油，已经从科学实验进入了生产试验，制成的汽油符合国六标准，辛烷值大于90，汽车直接能用。

这种汽油燃烧，不也排放二氧化碳吗？是的，但是如果从全生命周期视角看，这种汽油是净零碳排放，因为在生产过程中，它的二氧化碳是从大气或者工业尾气中捕集到的。这种汽油的生产和使用，并没有增加对大气的二氧化碳排放，或者说它的碳足迹基本为0。

这种工艺的能耗是不是很高？如果从能源投入来说，确实要比一般化石能源高。

但请注意，这里使用的是可再生能源，尤其是

---

① WEI J, GE Q, YAO R, et al. Directly converting CO_2 into a gasoline fuel[J]. Nature communications, 2017, 8(1): 15174.

风电和太阳能发电。现在风电和太阳能发电面临的最大问题，恰恰是利用效率低。按照行业说法，就是风电和太阳能发电的容量系数非常低，这个容量系数就是真实发电量与潜在发电能力之间的比值，代表了所能释放的发电潜力，全球平均水平也就20%，即便是美国、德国等发达国家，这一系数也才勉强达到30%。

也就是说，一大半发电能力都没有使出来。主要是由于风电和太阳能发电的波动性，以及电网的消纳能力有限造成的，我们常听说的弃风弃光，以及增加储能等，都是和低容量系数相关。再看煤电，对应的负荷系数都在50%以上。

所以，更迫切的是要提高风电和太阳能发电的这个效率。况且，风电和太阳能发电的原料是风和光，完全免费，不像煤电，多发电需要多用煤。

利用风电和太阳能发电制油，恰恰解决了这个问题，而且汽油非常容易储存，社会经济系统经过百年迭代，已经为汽油的储存、运输、使用建立了非常完善的系统。

所以，水变油，不仅提高了能源利用效率，同时也是一种巨大的储能，把风能和太阳能储存在液体汽油中。

一个方案到底是拙劣的骗局还是伟大的创新，区别到底是什么？

它们有时候会很像，非常像，甚至逻辑起点都一样，水变油，就是想低成本获取清洁能源，移民火星，就是想解决人类生存问题，乍一听都像是骗局，因为太偏离我们的常识了。

伟大的技术创新往往也是这样，看起来都很荒诞，不走寻常路，颠覆式思维，要不也不会伟大，对不对？

区别在哪呢？我觉得，区别就在随后的行动和回到现实的能力。骗局是不敢回到现实、有真实行动的，所以葛优扮演的那个怀才不遇的科学家纪春生，他就不敢去执行，只想卖点子、讲故事，但凡你质疑或者不同意，他就说你不懂科学，不尊重科学家。

但一个伟大创新不同，他提出目标后，就开始分解目标，一步一步去操作，仔细分析每个环节的成本、效益，认真执行给你看，哪怕就是一个天方夜谭的故事，比如说移民火星，你长时间观察下来，真有可能被他说服了。

美国加州甲醇M85计划为什么会失败?

　　美国加州一项雄心勃勃、投资巨大，耗时长达15年的M85计划，为什么会以失败告终呢？

　　1981年，福特公司向美国加利福尼亚州的洛杉矶交付了40辆特殊燃料的Escorts汽车，这可不是一般的汽车，它能节省15%的燃油。

　　要知道全球在1973年和1979年出现两次重大石油危机，油价飙升，美国受到了巨大的影响，联邦政府甚至出台了汽油配额制度，搞计划供给，按车牌单双号，单号车只能在奇数日购买汽油，双号车只能在偶数日购买汽油。这应该就是汽车单双号管理的最早形式。

　　福特公司的新型燃料汽车，无疑是雪中送炭，加州政府大喜过望，马上要求福特公司增加供应，于是福特公司又增加了500辆。测试成功后，这种新型燃料汽车增加到5000辆。加州政府正式命名为M85计划。准备在全州乃至全美范围内大力推广。

福特到底有啥黑科技呢？原来福特公司发明了一种汽油添加剂，能替代汽油燃烧，这当然节约汽油，而且不影响辛烷值。宝贝就是这个添加剂，这个添加剂到底是什么呢？

它就是甲醇，加州M85计划中的M，就是甲醇英文单词的首字母，85意思是只需要85%的汽油，另外15%用甲醇。这可是汽车发明以来最为重要的燃料革命，能不让加州和美国振奋嘛，而且重新配制的汽油比传统汽油污染更少。

阿西莫夫写《碳的世界》讨论甲醇的时候，还不知道甲醇30年后有这么一段高光时刻。

阿西莫夫用非常简单朴实的语言，让我们从根本上了解甲醇。它说，氧原子可以和有机化合物中的碳、氢结合，这就是氧化过程，是一个能量释放的过程。这种过程进行到底，就是碳原子和氢原子全部氧化，变成二氧化碳和水，能量彻底得到释放。

甲烷是最小的有机物，当它被一个氧原子氧化，也就是说，氧原子的一个键和碳原子连结，另一个键和氢原子连结，就会出现一个C—O—H，我们把具有这种键的分子，叫作"醇"，这里的O—H（氢氧基）称为羟基。甲烷产生的醇，就是甲醇（CH_3OH）。

早期生产甲醇的方法，是在缺乏空气的条件下把木头加热，释放出来的气体中就含有甲醇，因此，甲醇有一个别名，叫作木醇。

如果看甲醇的化学式，感觉好像甲烷（CH_4）和水（H_2O）直接反应就能得到甲醇，事实上，这条技术路线商业上根本走不通。真实情况是，通过甲烷和水反应，先生成氢气和一氧化碳，就是合成气，合成气在催化剂的作用下生成甲醇。

加州M85中的甲醇就是通过这个工艺生产出来的。M85计划最终的结果如何呢？两个字，失败。

为什么？原因很简单，20世纪90年代中期开始，油价下跌了，导致甲醇的成本高于汽油，美国加州实施长达15年的甲醇计划最终以失败告终。

甲醇现在是一种非常基本的有机化工原料，主要用途是生产甲醛、甲基叔丁基醚和醋酸。

甲醛主要用作木材黏合剂，但是由于室内装修及家具对残留甲醛要求日益严格，甲醛发展显然将受到限制。甲基叔丁基醚也是作为汽油添加剂，核心目的是增加辛烷值而不是作为替代燃料。醋酸对甲醇的用量相对较小。

碳中和时代，甲醇作为替代燃料，再次迎来重大战略转机。这次甲醇不是通过化石燃料制取了，而是通过风能和太阳能等新能源来制取。新能源产生的电力电解水制氢，二氧化碳加氢，最终生产出绿色甲醇。

从碳足迹角度看，根据全球甲醇协会甲醇研究所的报告《甲醇碳足迹报告2022》[①]，天然气制甲醇，甲醇的全生命周期碳排放为 100 克 CO_2/MJ（1.85 吨 CO_2/吨甲醇），煤制甲醇全生命周期碳排放为 300 克 CO_2/MJ（5.85 吨 CO_2/吨甲醇），绿色甲醇全生命周期碳排放为 4~10 克 CO_2/MJ（0.08~0.2 吨 CO_2/吨甲醇），与天然气制甲醇和煤制甲醇相比，绿色甲醇大幅减少了碳足迹。

成本仍然是非常关键的问题，也是美国加州 M85 的经验教训。绿色甲醇需要氢和二氧化碳，所以绿色甲醇的成本受绿氢（影响占 70%～80%）和高纯度 CO_2 影响。

---

① Methanol Institute. Carbon footprint of methanol [R].2022.

绿氢价格由绿电价格决定。绿电价格是持续下降的，未来风能和太阳能必然会大规模发展。《联合国气候变化框架公约》第二十八次缔约方大会（COP 28）会议上提出新能源三倍计划，就是要求全球在2030年之前将可再生能源装机量增加至2022年的三倍，加速全球能源转型。

所以，绿电价格还会进一步下降，大势所趋。当前高纯度的CO_2确实也不便宜，每吨在300元人民币上下，但我们就是要控碳、减碳和除碳，所以CO_2利用的价格更加会持续走低，甚至成为负值，也就是说，我帮你处理1吨二氧化碳，你要给我钱，而不是我给你钱，即便是提纯后的CO_2，这些CO_2都是来自工业尾气的捕集和提纯。

对比美国加州M85计划和当前的绿色甲醇，两者有个共同点，就是都需要氢气，不同的是，M85计划是通过甲烷制氢，绿色甲醇是可再生能源制氢。这就是本质区别。看出来没有？氢才是能源转型的金手指，绿色甲醇的核心是绿氢。

未来氢是非常重要的二次能源，甚至比电还重要。因为它不仅是能源，还是原料，储存方便、使用灵活，如果说上世纪是石油的百年时代，那本世纪就很可能是氢的百年时代。根据国际能源署（IEA）的评估，到2050年，全球氢能的需求量将超过5.2亿吨，占当时全球电能需求量的一半以上[①]。

有了廉价的绿氢，二氧化碳就活了，就不是垃圾和废弃物了，就可以变成资源和能源了，所以说只有绿氢才能真正激活二氧化碳。

碳中和大势所趋下，所有能源都会像河流渴望大海一样，源源不断地与绿氢建立联系，这是挡不住的，你想想，绿氢的成本还能不像摩尔定律那样快速下降吗？

有时候，一个产品是否成功，不仅要看这个产品自身，还要看它和谁绑定在一起，被绑定的那个大腕产品，它的前景怎么样？

如果说，美国加州M85计划，是甲醇假装"清纯"，因为它的本质还是化石燃料，那这次全球碳中和革命下的甲醇，就是"真纯"，从根上就是纯的，是真正的零碳能源。

---

① IEA. World energy outlook 2022[J]. Paris, France: International Energy Agency（IEA），2022.

乙醇：液体燃料的理想替代

醇中，还有一个比甲醇替代汽油前景更好的东西，就是乙醇。不论甲醇还是乙醇，它们都是作为汽油的替代品来讨论的。可是事实上，真正作为替代产品的反倒是汽油，因为最早作为发动机燃料的是乙醇，乙醇才是真正的第一任，它是汽油的前任，汽油是成功替代乙醇才登上历史舞台的，不过它替代得太成功了，让人们以为发动机就是为汽油制造和服务。

人类使用乙醇（C_2H_5OH）的历史非常悠久，有文明以来，至少5000年前，就有乙醇。在所有醇类中，我们最熟悉的就是乙醇，你可能从来都没有见过甲醇、丙醇、丁醇等，但你肯定见过乙醇。喝的酒，用的酒精，主要成分就是乙醇，我们对它的熟悉，意味着乙醇在社会经济系统中的深度嵌入。

阿西莫夫说，乙醇的出现和粮食出现一样，很自然。因为果类暴露在大气中，空气里的微生物（主要是酵母菌）就能使果子中的糖转变为乙醇，微生物利用这一化学过程中释放的能量生长繁殖，这就是发酵过程。原始人偶然喝到经过发酵的果汁，感觉味道不错，便有意识地使果汁发酵，这就是最早的酿酒。

历史上很长一段时间，乙醇生产是利用水果、谷物等含有的天然糖分进行发酵生产。公元12世纪，酒的蒸馏技术成熟后，酒的酒精浓度得到了大幅提升，才出现了现代意义上的各种酒。法国人把蒸馏技术用在葡萄酒上，发明了白兰地；爱尔兰人把蒸馏技术用在大麦、燕麦的粮食酒上，发明了威士忌；俄国大部分地区低温，所以酿酒用的粮食是玉米和土豆，蒸馏后的酒就是伏特加；荷兰贸易发达，在蒸馏白酒里又加了蓝莓果、橙皮、豆蔻、甘草，蒸馏后的酒就是杜松子；欧洲人殖民加勒比海，当地种植的是甘蔗，用甘蔗酿酒再蒸馏，出来的就是朗姆酒。

所有酒的主要成分都是乙醇，但色、香、味差异很大，这是由于不同的原料（果汁、粮食等）发酵，导致酒中含有其他化合物成分不同造成的。

人类用乙醇作为汽车燃料，要远远早于利用汽油。乙醇是人们身边的液体燃料，所以，内燃机第一次被发明出来的时候，首先想到的当然就是使用乙醇。美国第一台真正意义上的内燃机由塞缪尔·莫雷（Samuel Morey）于1826年研制成功，就是以乙醇作为燃料，比汽油车早半个世纪。汽油作为汽车燃料的广泛使用是在1885年，始于德国发明家卡尔·本茨（Karl Benz）和戈特利布·戴姆勒（Gott-lieb Daimler），两人独立发明了汽油内燃机汽车。

即便如此，亨利·福特（Henry Ford）在1908年生产的第一批汽车，包括著名的T型车，还是使用乙醇燃料。事实上，在那个时代，乙醇和汽油，谁能胜出还未可知，亨利·福特就特别看好乙醇，这和洛克菲勒看好汽油，针锋相对。

但洛克菲勒确实了不得，他革命性地改变了石油生产汽油的规模和价格，让汽车根本没法选择。汽油的胜出，是一个燃料驯服设备的典型案例。

但福特也不是等闲之辈，要知道，正是由于福特，汽车才得以大规模普及，亨利·福特将流水线生产方式引入汽车生产，汽车价格才大幅下降，才使得美国成为车轮上的国家。即便如此，仍然没有赢过石油大亨洛克菲勒。

判断一个碳中和技术是否成熟，就是看它能否流水线作业，能流水线作业，才能大规模生产，才能形成产业链，才是真正意义上的技术。否则马斯克的火星移民岂不也是碳中和技术？

正是因为价格，才使得汽油成功取代了乙醇。20 世纪初，由于石油工业的飞速发展，汽油的供应量快速增加，成本持续降低。使汽油成为大多数消费者更方便、更经济的选择，乙醇作为燃料逐步没落。

除了经济性低，乙醇的能量密度也比汽油低。乙醇已经部分氧化（羟基含有一个氧），所以单位体积内，每升或者每加仑乙醇，所含能量比汽油少约三分之一。

但乙醇也有两个非常重要，且非常现代的优点。第一是乙醇更加环保。乙醇成分单一，燃烧后就是水和二氧化碳，污染物少。汽油的主要成分是庚烷和辛烷，但毕竟是从石油中炼化出来的，还有大量的芳香族烷烃，燃烧产生的颗粒物、一氧化碳等污染物要高很多。

第二是乙醇的碳足迹低[1]。因为乙醇是生物质来源。如果按单位热量的碳足迹计算，汽油是100克 CO_2/MJ，玉米基乙醇是70克 CO_2/MJ，纤维素乙醇是20克 CO_2/MJ，甚至在某些情况下还能实现净负排放。美国玉米乙醇的碳足迹比汽油低近一半（44%~52%）。

正是这两个优点，使得乙醇虽然被汽油打败，却没有完败，更没被消灭，一直作为汽油的替代或者备胎长期存在。尤其是当石油危机导致汽油价格上涨时，乙醇的呼声就会高起来。

巴西是世界上乙醇替代汽油最彻底的国家。20世纪70年代两次石油危机，全球都遭遇了油价暴涨。巴西就开展了以乙醇为重点的替代能源战略，提高了汽油中的乙醇比例，加快乙醇对汽油的替代。

巴西有天然优势，甘蔗资源丰富，天然糖易于获取，所以乙醇生产成本低。1975年，巴西政府以

---

[1] The Institute for Energy Resourcefulness. Ethanol Fuels - Background and Introduction [EB/OL]. [2024-07-23]. https://www.energyresourcefulness.org/Fuels/ethanol_fuels/.

法令形式颁布了"国家乙醇燃料计划"，乙醇以20%体积比加入汽油，1993年提高到22%，2002年提高到25%。

现在巴西汽油中的乙醇比例是世界上最高的，巴西也是世界上最大的燃料乙醇生产和消费国之一，也是世界上唯一一个不使用纯汽油作为汽车燃料的国家。巴西目前可以百分百使用乙醇（E100）的汽车已经高达3230万辆。

乙醇长期以来还是人的精神燃料，喝酒就是为了获得精神上的释放，燃烧人的激情。在《悲剧的诞生》里，尼采认为只有酒神才能真正意义上释放人的天性，使人获得自由。汽油是让人在物理上获得自由，因为速度更快。

乙醇的生命力非常顽强，它一直和人同步前行，从有人的时候，就一直伴随在人的左右。它已经融入了人类文明发展的生命主体里了。

所以，乙醇再次复兴一点都不奇怪，它在某种意义上说是必然的，只是说它在不同时间段表现的优劣不同而已。

短短百年内看乙醇，它既是汽油的前任，又是汽油的下任，因为时间尺度太短了，从长时间尺度看下来，汽油才是中间替代品，一个燃料过客，乙醇才是人类真正的能源动力，不管是精神上的还是物理上的。

如果还需要液体燃料，那乙醇绝对是完美替代品。当然如果以后汽车不需要液体燃料了，比如说电动汽车，液体燃料时代终结，那乙醇还是会伴随着人存在的，因为它依然会作为人的精神燃料。因为这是人的本能需求决定的，人不但有物理上的需求，还有精神上的需求。

健康控糖和有序控碳

　　大家都关心控糖，可你知道糖是怎么生成的？如果氧原子的两个键都和同一个碳原子连接，就会形成羰基（C=O），含有羰基的是羰基化合物。最普通的羰基化合物就是糖。糖分子中，有一个碳原子是羰基，其余碳原子都是和羟基连接，羟基是氢氧键，所以易溶解于水。

　　糖为什么会有甜味呢？

　　羟基是甜味的来源，它可以与舌头上的味觉感受器形成氢键，引发甜味感觉。羟基的具体形态和数量决定了糖与甜味受体结合的程度，影响甜味强度。

　　葡萄糖（$C_6H_{12}O_6$）是一种六碳糖，是生命最重要也是最基本的能量储存单元，所以也叫单糖，它不能被分解为更小的糖分子。

两个葡萄糖分子可以结合成一个大分子，这个过程会失去两个氢原子和一个氧原子，相当于失去一个水分子。结合后，两个葡萄糖就不完整了，相当于是残基，形成了二糖，这就是缩合作用。缩合作用是人体利用单糖制造大分子的主要途径。单糖的缩合，并不是到二糖为止。生命体能够使大量的葡萄糖分子缩合成几千个葡萄糖分子残基的大分子。

这些缩合而成的大分子，分解起来都不难，只要在适当条件下，加上水分子，就可以回到一个一个的葡萄糖，这就是水解作用，是缩合作用的逆过程。

葡萄糖有两个非常常见的异构体，异构体的意思是，分子式完全一样，但分子空间立体结构有差异，也就是说碳氢氧个数和连接方式都一样，就是空间姿势不同。葡萄糖的两个异构体是果糖、半乳糖。

葡萄糖和半乳糖缩合而成的二糖，就是乳糖，乳汁中含有这种糖，而且是乳汁中唯一的糖，所以叫乳糖。葡萄糖和果糖缩合而成的二糖是蔗糖，是最常见的糖。反过来，蔗糖分子会水解为葡萄糖和果糖，乳糖分子水解为葡萄糖和半乳糖。

从甜度看，果糖最甜，然后是蔗糖，最后是葡萄糖。这三位分子式一模一样，但羟基的姿势不同，导致与舌头上的甜味受体结合就有差异。

水解和缩合这两个互逆的过程，就是生命体能量释放和储存的过程。类似电池充放电。

人体的细胞，只能吸收利用葡萄糖作为能量，所有的有机物和糖类，只有转换为葡萄糖这个最基本的能量包才能被人体利用。人类口、胃和肠子中，把大分子水解成小分子的过程，就是消化作用。

别说人，小到细菌，大到蓝鲸，所有的生物能量来源都是葡萄糖，它是生命诞生时的标配，某种意义上也验证了生命来自同一棵进化树。

葡萄糖很小，多小呢，你看到书上的"小"字下面的小钩，能放下50万个葡萄糖分子。阿西莫夫说，成年人血液中大约含有6克葡萄糖，血液把葡萄糖送给每一个细胞，细胞把葡萄糖转化成二氧化碳和水，获得能量。6克葡萄糖够人使用多久呢？15分钟，但人体会持续产生新的葡萄糖并送入血液。每一秒，我们的身体要燃烧8×10^{18}个葡萄糖分子，如果一个葡萄糖分子是一粒沙子，身体10分钟就能把地球上所有海滩上的沙子燃烧完。

人体血液中的葡萄糖浓度，也就是血糖，它非常重要，我们感到"肚子饱"或是"肚子饿"，就是血糖波动发送给我们的信号，它是维持人体正常运行的核心。类似能源对于维持经济社会系统的作用。

生物化学家、法国"葡萄糖女神"杰西·安佐斯佩（Jessie Inchauspé）的《控糖革命》说，比起血糖水平高低，我们更应该关注血糖的波动，这才是对人体健康造成影响的关键因素。心情、睡眠、体重、皮肤、代谢水平、免疫系统、心脏病等，都受血糖峰值变化的显著影响，所以，我们并不是要控制糖的摄入量，而是要避免出现血糖大起大落。

为什么呢？

人体是由超过30万亿个细胞组成的，如果把人体当作地球，细胞当作个人，那细胞个数可比地球人多多了，现在地球才80亿人。当身体出现葡萄糖峰值时，每个细胞都可以感知到，这个感知能力，比地球人厉害很多。

葡萄糖一旦进入细胞，首要目标就是转化为能量，负责这项任务的是线粒体。如果把人比作一辆绿皮火车，线粒体就是发动机，葡萄糖就是煤炭。

如果体内葡萄糖突然暴增，就是火车头发动机内，铲进去的煤炭太多，出现峰值，反倒容易把火熄灭。对于人体，葡萄糖峰值的一个短期影响就是疲劳感，出现"脑雾"。线粒体出于自我保护的目的，就会停止工作，而且还会产生过量自由基。过量的自由基会对线粒体造成损害，导致氧化应激，氧化应激会进一步导致衰老和慢性疾病。就像发动机内的煤炭太多，反倒会不完全燃烧，产生大量煤烟一样，火车就要出危险了。更危险的后果是，体内的葡萄糖大起大落，糖化反应就越多，也就是说很多细胞就被破坏了，发生褐变，加速衰老。

作者说，控制血糖峰值变化也没那么难，最简单的做法，除了少吃、多运动外，就是改变吃东西的顺序，就能让血糖水平曲线变得更平稳，比如先吃纤维，然后吃蛋白质和脂肪，最后吃淀粉和糖类，效果非常明显。

这个观点很有启发，碳中和革命，本质就是控碳，控碳就要能源转型。能源转型的核心是能源安全，防止出现大起大落，所以要先立后破。

能源稳定性非常重要，防止峰值和谷值来回波动，那会对社会造成巨大冲击，因为能源这种基础性要素，一旦出现峰值和谷值，就会牵动社会其他所有东西跟它一块波动，涉及用能机构、储能机构、输送机构、电网等。它会产生非常复杂的影响，所以说碳达峰碳中和是一场社会经济系统的深刻变革，需要稳步推进。

饮食次序很重要，它会影响血糖的转化，碳达峰碳中和道路中，不同行业、不同区域有序、梯次达峰也很重要。全球控碳革命真的很像人体控糖革命。

即便在微观层面，最迫切需要解决的也是发电和用电的平衡，我们常常感觉缺电，供电不足，但实际上，大部分电厂，包括新能源电厂，都是出力不足，使不上劲，这和葡萄糖作为能量包，真是异曲同工。

平衡和管理能量使用曲线，避免出现能量峰值和谷值，让曲线更为平滑，就是现在说的源、网、荷、储统筹管理，电源（源）发电厂，电网（网），负荷（荷）用电端，储能（储），统筹协调管理，才是碳中和健康发展的重要保障。

人工合成淀粉还要走多远？

淀粉是从葡萄糖合成而来的，葡萄糖发生缩合反应形成的大分子中，最重要的就是淀粉，但葡萄糖缩合成淀粉后，糖的特征就消失了。所以淀粉既不溶于水，也不甜，没味道。

淀粉是植物经过上亿年进化出来的一种储能机制，就像植物自产的压缩饼干。

阿西莫夫说，植物用淀粉来储存它们的食物，特别是给下一代储备养分。麦粒、稻米等种子都是淀粉物质。马铃薯、红薯以及胡萝卜依靠根来繁殖后代，它们的根主要也是淀粉。淀粉像个仓库，把葡萄糖残基聚在一起。不溶水这个功能非常重要，易于储存，在需要的时候，可以再把淀粉水解成为葡萄糖。

这种机制有点像三体人的脱水，三体人的生存环境极为恶劣，在极冷和极热之间剧烈波动。为了在这样的环境中生存下去，三体人演化出了一种独特的生存策略——脱水和吸水。遭遇极端环境时，身体脱水，变成一张皮，极大减少体内水分蒸发和能耗，然后进入休眠状态，等环境变得适宜时，三体人再吸水，恢复正常。

地球早期的植物也面临恶劣的生存环境，从而进化出来淀粉这种压缩饼干式的长期储能模式。这种模式极为强大，强大到能让植物持续、稳定地生长和扩张，支撑了几乎整个地球生命系统。植物在争分夺秒地进行光合作用，制造能量、储存能量，制作淀粉简直就是植物上亿年进化出来的超级魔法。

其实人也会在恶劣的生存环境下产生极强的危机意识和养成粮食储存策略。鲁迅先生的《马上支日记》中写道，绍兴就喜欢储藏干物。有菜，就晒干；有鱼，也晒干；有豆，又晒干；有笋，又晒得它不像样；菱角是以富于水分，肉嫩而脆为特色的，也要将它风干。鲁迅说，究竟绍兴遇着过多少回大饥馑，竟这样地吓怕了居民，仿佛明天便要到世界末日似的。所以鲁迅先生说，绍兴人去北极探险，可以走得更远，既能有吃的，还能防治坏血病。这都是说极端环境对生物生存策略的影响。

这种人工脱水策略，肯定没有植物这种缩合成淀粉高级，毕竟植物进化了上亿年。然而，植物的这个超级魔法，现在竟然被人类掌握了，这就是人工合成淀粉。2021年9月24日，来自中国科学院天津工业生物研究所的科学家，在《科学》杂志发表论文①，实现了实验室条件下从二氧化碳到淀粉的人工合成。

植物生产淀粉，经过上亿年的修炼和打磨，能量转化效率也就不到5%，而且时间长，因为植物需要至少3~4个月生长。人工合成淀粉，能量转化效率接近10%，而且时间短，最快只需要4个小时。

这项人工合成淀粉技术分为4步，首先用二氧化碳制甲醇（一碳化合物），然后将甲醇转换成为三碳化合物（3-磷酸甘油醛），再将三碳化合物合成为六碳化合物（葡萄糖），最后再将六碳化合物聚合为

① CAI T, SUN H, QIAO J, et al. Cell-free chemoenzymatic starch synthesis from carbon dioxide [J]. Science, 2021, 373 (6562): 1523-1527.

淀粉。

二氧化碳到甲醇，技术上没有难度，难的是甲醇到淀粉，尤其是甲醇到三碳化合物，这也是植物光合作用中最复杂的环节，需要大量的酶。人工合成过程中，甲醇在甲醇脱氢酶的作用下变成甲醛，甲醛在酶的催化下变成三碳化合物。

当前还只是实验室水平，未来大规模应用还存在着很多难点。但至少在技术上已经实现了，这很了不起了。人工合成淀粉，相当于能把二氧化碳直接变成馒头，对碳中和意味着什么呢？

首先，这是一种非常重要的工业规模化二氧化碳利用方法。碳减排领域里面一个重要技术就是二氧化碳捕集利用与封存（CCUS），但这个"U"，代表的就是利用，但体量非常小。

如果二氧化碳能用在生产淀粉上，那体量会大很多，因为淀粉的生产和消费量巨大，人人都要吃饭。全球淀粉产量为 1.3 亿吨（2022 年）。生产淀粉，相当于模拟植物的光合作用，本身就是碳汇过程，如果全球都是用人工合成淀粉，那会储存 1 亿多吨的二氧化碳。这是一个潜力巨大的负碳技术，人就是活体碳汇。

如果能规模化生产淀粉，应用领域就不仅是粮食了。淀粉也可以做成其他产品，类似于植物木材。

其次，人工合成淀粉比植物光合作用更高级。人工合成淀粉，本质上是人类逼近植物光合作用这个魔法，但人工技术的潜力，要比自然光合作用厉害很多。因为植物只能利用太阳能，人工技术可不一定，它需要的只是能量，包括但不限于太阳能，风能、核能都能用。

最后，人工合成淀粉，其实是破解了一项人类诞生以来的一个巨大"BUG"，就是人体无法直接利用太阳能，必须通过植物。现在人工合成淀粉，相当于人和植物一样，补齐了短板，可以直接利用二氧化碳和阳光了。

推广人工合成淀粉，现在最大的限制就是酶，植物经过上亿年进化，打磨出了各种酶，但技术发展到现在，尤其结合人工智能技术，合成各种酶，应该不是问题。未来更大的应用前景可能是，如果人类移民火星，那里的大气层几乎全是二氧化碳，合成甲醇以后，完全可以用甲醇直接培养酵母等微生物，我们直接拿微生物当食物，不需要用甲醇合成淀粉。

所以，我们并不需要完全走植物的路径，即依赖酶生产淀粉，更合适的手段可能是把经过实验室验证和优化的合成路线重新放到微生物体内，让微生物完成复杂的合成过程，效率可能还会进一步提高。

纤维素是生物质能源的终极选择吗?

纤维素也是葡萄糖生成的。葡萄糖发生缩合反应形成的大分子，不仅有淀粉，还有纤维素。纤维素强韧多筋，不提供能量，主要用于支撑结构，是植物细胞壁的主要成分，纤维素使得植物具有坚硬的结构。

植物用葡萄糖合成纤维素是为了构筑堡垒，有些植物还用纤维素来保护种子，比如棉花的纤维素含量高达90%。

纤维素对人来说没啥营养，我们不能从纤维素中获得养分和能量，纤维素只是增加食物体积和促进肠道蠕动，帮助消化和排便，吃多少拉多少。

很多动物，甚至白蚁，都不能消化或者利用纤维素。所以说，纤维素是植物为自己构建的最终堡垒。纤维素分子是葡萄糖残基的长链紧密排列，具有高度的结晶性和抗水解性，难以被酶解，很像个堡垒，葡萄糖残基就像一块一块的砖头。

但纤维素毕竟是从葡萄糖缩合而成的，想都不用想，肯定蕴藏能量，但这是一种非常隐秘的储能机制，很难破解。

人类对待纤维素，有点像现在对待核能，明明知道这里面有巨大能量，但就没办法拿出来。

但也有例外，有些微小的单细胞原生动物，能消化纤维素。阿西莫夫说，白蚁不能消化纤维素，但却能靠吃木头生存，靠的就是白蚁肠子中的原生动物，特别是鞭毛虫，它能水解纤维素。水解所得的葡萄糖，一部分原生动物自己用了，剩下的就是白蚁的养料。没有原生动物，白蚁就无法生存。牛肠道中的细菌，能把草中的纤维素水解成葡萄糖，所以牛能靠吃草获得能量。

能利用纤维素的都是一些特殊微生物，它们具备分解纤维素的酶。只能说，纤维素是生物最底层的能量，只有最原始的生物可以解锁。

人类面对量大且易于获取的纤维素，早就想解锁其中蕴含的能量，相比植物果实或者种子，纤维素的量可是多太多了。

亨利·福特就始终对利用纤维素充满了信心。1925年，美国农场历经了一场经济危机，随后又受美国经济大萧条影响，状况很惨。福特是一个执着的农业主义者，他搞出了一个"农场化学"，目的是从农产品中生产燃料乙醇。他坚信，乙醇是"未来燃料"，他的自信来自所有纤维素都能制成乙醇，他相信他能通过"农场化学"解锁纤维素中蕴藏的能量。

可惜的是，一百年后的今天，"未来燃料"还是未来时。碳中和时代，纤维素的解锁迎来了重大转机。由于技术进步，人工可以合成纤维素酶，且纤维素的预处理能力也得到了大幅提升（预处理能力至少占纤维素乙醇生产能耗的20%），生物化学转化技术路线已经成熟，坐等成本持续下降。

其实，除了亨利·福特这条从底层解锁纤维素能量的方法（生物化学转化技术）外，还有两种利用纤维素的方法。一种是热化学转化技术，简单说，就是加热纤维素，产生合成气（CO、H_2等），然后将其转化为化学品。另一种是直接燃烧，暴力破解，产生热量。这是最成熟的技术，现在有大量的生物质热电厂。

由于纤维素的抗逆性（抗分解性）非常强，酶的成本也很高，生物化学转化技术其实是最不经济的一条技术路线。更重要的是，这条技术路线的能量转换效率比直接燃烧还低，不到30%，而纤维素燃烧发电，能量转换效率都会超过30%，如果是供热或者热电联产，那效率会更高，现代生物质锅炉的热效率能达到70%~90%。

这就有个问题，既然纤维素可以直接燃烧获取能量，为什么要绕这么大一个弯子，纤维素制乙醇，既不经济、效率还低？直接烧不就完了吗，技术成熟，原始人都会。

好像很有道理，那究竟为什么呢？

可以把这个问题转换为另一个问题来思考，为什么生物没有进化出来一种直接靠太阳热量的生理机制呢？这样岂不更省事，能源效率更高？理论上生物完全可以进化出来一个太阳能电池板，至少一个太阳能热水器吧。生物的本质不就是获取能量吗？

我想这里面有一个非常核心的问题，就是能源利用形式的选择，重要的是有多少种选择方式。对热能来说，选择方式非常有限，但对于乙醇，选择方式会非常多，尽管折算成热值都一样，但选择方式更多的能量是高品位能量，选择方式少的能量就是低品位能量。

因为选择少，本质上也可以理解为这种能量在时间和空间上的布局能力弱，其实就是储能能力弱。生命演化出蛋白质也好、淀粉也好、脂肪也好，都是为了有更多选择，适应外界复杂、恶劣甚至随时突变的环境，从而抵御风险。

从太阳直接获取能量当然好，但风险太高，哪天没太阳就得完蛋，而且还必须待在有太阳的地方，不能移动。但是有了储能机制，那在时间和空间上就更加灵活。

所以，纤维素制乙醇这条技术路线，人类始终都没放弃，尽管100年来也没什么重大突破，但这条技术路线会带来更多选择，它会走得更远。乙醇不仅可以做燃料，可以做原料，甚至可以取代石油，还可以做食品，酒就是乙醇，选择非常多。

选择权才是生命的根本需求，任何时候都要给自己留一条选择。看看植物的纤维素堡垒，就是植物留给自己的最终能量选择。植物演化出纤维素的目的肯定不是当燃料，更不是当其他生命（比如人类）的燃料，而是在一种极端环境下留给自己的选择。纤维素是植物万不得已的时候才会使用的，是一种隐藏的储能机制。没想到现在要被人接手了。我们正在接近对这种永久储能的解锁方法。

我们整天拼死拼活地工作，到底是为了啥？当然可以说为了我们的幸福，为了我们所爱的人幸福，其实你也知道这只是一个美好的愿望，如果按这个逻辑，那世界上最幸福的人应该是收入最高的人了，事实上肯定不是这样，对吧？

所以，更现实的可能是，努力工作是为了让我们有更多的选择，心里更踏实、更安心，当我们想说走就走的时候，当我们的亲人生病的时候，我们可以从容不迫地安排自己的时间，而不至于无比焦虑。努力的目标，是防止我们滑入只能努力而没有选择的境地嘛。

应该怎么面对碳中和时代?

碳中和是这个时代确定性最高的趋势之一，从《碳的世界》这本科普小书，能得到哪些启发呢？

首先，理解任何一件事，都要从最简单、最底层的逻辑开始。我特别喜欢《碳的世界》里面的那句高频话，让我们从简单开始。这是真正高手的样子，真佛只说家常话。

如果不能把一个事物还原到它原本简单的样子，或者说用简单的语言表达出来，说明你没有理解这个事物，你只是照本宣科地复述了一下，这个信息本身没有嵌入到你的知识体系里面，没有形成你的认知，你很快就会忘得一干二净。

但是如果你能把它还原成最基本的要素，它会在你的大脑系统里找到相关的内容，四面八方地去和你大脑中的记忆神经元链接，牢牢镶嵌进去，从而产生联想和洞见。

所以，理解碳中和，也要从基础开始，当然最好的起点就是《碳的世界》这本书。

其次，未来能预测吗？

科幻小说就是想回答这个问题，现在追求碳中和，碳中和也是面向未来，每个人都想知道实现碳中和后，我会怎么样？

但未来能预测吗？其实是一个过时的问题，现在已经不是这种思维模式了。

当前，面向未来的主流科学思维模式是情景思维模式，本质更像是科幻模式，尤其是硬核科幻模式。

二战之后，人类至少科幻出三种未来发展路径。

第一条是太空时代。要不怎么会有阿西莫夫的《银河帝国》系列科幻小说呢？

第二条是机器人时代。《变形金刚》《机动战士高达》都是这棵科技树上的想象。

第三条接近现在看到的，互联网、高度虚拟、高度游戏的时代。

第一条发展路径在当时绝对是主流。那时候的人，幻想现在人类已经登上火星了。二战后20年间，出现过无数篇描写登陆月球、火星的科幻小说，其中有些对宇宙飞行所需条件，以及月球的实际状态都描述得很清楚，而且人类在1969年确实实现了登陆月球。

人类利用引力弹弓，在1977年同时发射旅行者1号和旅行者2号，我小时候就知道，旅行者号携带一张金唱片，里面有55种语言的问候语，唱片背面还有一张男人和女人合影的照片，这幅图被收进了语文课本，我们在课堂上还激烈地讨论过，两人应该拉着手还是不拉手，外星人会怎么理解？会不会理解为一个生物。

那时候人类都有宇宙情怀。旅行者1号和旅行者2号一直在默默地超期服役，现在仍然在距离地球约200亿千米的地方为我们工作，可是我们现在还需要它们吗？

现实是，人类已经彻底走上了第三条路径。想想那位1969年登上月球的宇航员奥尔德林（Buzz Aldrin）说的话，"你承诺给我移民火星，我却得到Facebook！"

以至于现在，登陆月球的真实性还有人怀疑。说明什么，说明人类有时候不但能改变未来，还能改变过去。当年大大低估了虚拟现实的力量。

现在的人，由于受到虚拟科技的诱惑，逐渐都变成了宅男、宅女。就像刘慈欣说的，我们越来越变成一种内向文明，而不是向外开拓和探索。

其实，放眼宇宙，地球就是一粒尘埃嘛，我们怎么能把自己封在这颗尘埃里呢？我们的未来难道不是星辰大海吗？

那么，人类能预测未来吗？不能，但是能通过目标塑造和改变未来。

最后，碳中和时代应该怎么做？

一句话，认清楚大趋势，紧跟最新趋势或者主流趋势。阿西莫夫写《碳的世界》，并非凭空想象，而是整合了当时所有最新的学术成果，他的基础数据和基本观点到现在也都立得住，所以60多年后还值得重读，要知道这可是科普著作，不是小说。可见人类底层认知并没有太大变化。

碳中和与应对气候变化领域，全球最大的科学共同体就是IPCC，它代表了全球的共同认知。IPCC不预测，只提供不同的发展路径。但它是人类共同努力的方向，是我们想成为的样子。地球上所有国家的发展方向都和它对标。慢慢地，IPCC描绘的路径就被创造出来了。从效果上看，也可以说IPCC预测成功了。

大趋势是需要适应的，但个人的微观目标，是需要自己创立，预测自己未来的最好办法就是去创造一个未来。未来的发展模式，是先有目标，再有行动。那该怎么行动呢？按照《福格行为模型》的说法，还是简单，简单才能彻底改变行为。启动起来再说。

在碳中和大趋势下，做自己想做的事情，成为自己想成为的人。这条道路应该怎么走呢？我想应该不是简单地走或者跑，而是一种舞蹈的姿态，一种享受的状态，跳出属于自己的舞姿。

这个舞蹈怎么编排？随心所欲，唯一需要衡量的就是是不是每天变得更好？即便在一段时间内，狂风四起，走得特别艰难，也要逆风起舞，活出自己的精彩。